Dr. Bruce Fogle
mit Patricia Holden White

Hunde erziehen

Mein Übungsbuch für unterwegs

Übersetzung: Dr. Siegfried Schmitz

blv

Ein Dorling Kindersley-Buch
www.dk.com

Titel der englischen Originalausgabe:
RSPCA NEW POCKET DOG TRAINING

Erstmals erschienen 1994 unter dem Titel:
COMPLETE DOG TRAINING MANUAL
bei Dorling Kindersley Limited, 80 Strand, London WC2R 0RL

Bibliografische Information Der Deutschen Bibliothek
Die Deutsche Bibliothek verzeichnet diese Publikation in der Deutschen Nationalbibliografie; detaillierte bibliografische Daten sind im Internet unter http://dnb.ddb.de abrufbar.

3., durchgesehene Auflage, Neuausgabe

BLV Buchverlag GmbH & Co. KG
80797 München

Übersetzung: Dr. Siegfried Schmitz
Lektorat: Dr. Friedrich Kögel
Herstellung: Rosemarie Schmid
Umschlagkonzeption: Sandra Gramisci
Umsetzung: BLV, Timo Wenda
Umschlagfotos: Titelseite: Masterfile/Raoul Minsart
Rückseite: Juniors Tierbildagentur

ISBN 978-3-8354-0410-6

Printed and bound in Singapore

Inhalt

Einführung

Manche von Ihnen wissen vielleicht, dass ich ein praktizierender Tierarzt und kein professioneller Hundeausbilder bin. Doch schon früh habe ich erkannt, wie wichtig gute Hundemanieren sind: Sie bestimmen die Beziehung zwischen uns und unseren vierbeinigen Gefährten. Sehr bald wurde mir bewusst, dass Fragen des Verhaltens und der Erziehung ebenso wesentlich sind wie die der Gesundheit und der Ernährung.

Meine Mitarbeiterin Patricia Holden White, die wie ich in der Stadt aufgewachsen ist und von jeher Hunde hält, ist zugleich als literarische Agentin und professionelle Hundetrainerin tätig.

Wir beide hoffen, dass die Erziehungsmethoden, die wir in diesem Buch vorstellen, Ihnen und Ihrem Hund gleichermaßen Spaß machen. Sie sind einfach und logisch aufgebaut – aber Sie dürfen nie vergessen, dass Sie einen verkleideten Wolf und keinen verkappten Menschen erziehen.

In der Hundeerziehung gelten nur wenige simple Regeln: Die Lektionen sollen kurz, einfach und lustvoll sein – für beide Seiten. An die Aufgabe sollten Sie mit der gleichen positiven Einstellung und geistigen Frische herangehen wie Ihr Hund. Wenn Sie nicht in der rechten Stimmung sind, lassen Sie es bleiben – verschieben Sie die Lektion auf einen günstigeren Zeitpunkt. Ihr Ziel muss es sein, die soziale Bindung zwischen Ihnen und Ihrem Hund zu festigen. Sie sind der Rudelführer, und der Hund soll Ihnen bereitwillig folgen.

Der Haushund ist aus dem Wolf hervorgegangen und lebt schon seit über 10 000 Jahren mit uns Menschen zusammen. Vor rund 6000 Jah-

ren haben sich bei den Hunden das Aussehen, die Größen und die Eigenschaften herausgebildet, wie wir sie heute kennen.

Überall auf der Nordhalbkugel der Erde haben Menschen konstruktive Beziehungen zu Hunden aufgebaut, und die viele Generationen lang betriebene Auswahlzucht hat spezialisierte Hundetypen hervorgebracht, die mit ihren jeweiligen Fertigkeiten für und mit Menschen arbeiten.

Bis zum Ende des 20. Jahrhunderts waren mehr als 400 Hunderassen von Zuchtverbänden in aller Welt anerkannt. Nahezu alle diese Rassen existieren auch heute noch, doch die Rolle, die der Hund spielt, entwickelt sich weiter. Heute werden die meisten Hunde als Begleit- und Familienhunde gezüchtet, und daraus können Probleme entstehen.

Jahrtausendelang waren die geistigen und körperlichen Fähigkeiten des Hundes gefordert. Moderne Hunde leben zwar gesünder und behüteter als früher, aber vielfach führen sie ein langweiliges Leben, was Verhaltensstörungen zur Folge haben kann.

Die Statistiken der Tierheime zeigen, dass am ehesten solche Hunde ausgesetzt werden, die unter 2 Jahre alt und mit Verhaltensproblemen behaftet sind. In manchen Weltgegenden ist die Euthanasie wegen solcher Probleme die wichtigste Todesursache bei Hunden unter 2 Jahren.

All das ist vermeidbar. Hundeerziehung ist einfach, sofern Sie sie mit Verstand und Freude betreiben. In einer komplizierten Welt ist es wunderbar, ein unkompliziertes Verhältnis zu einem wohlerzogenen Vierbeiner zu unterhalten. Mit diesem Buch kann es Ihnen gelingen.

1

Das Wesen des Hundes

Hunde haben eine Reihe von Bedürfnissen, Gefühlen und Emotionen mit uns gemein. Sie sind soziale Lebewesen und brauchen die Gesellschaft mit ihresgleichen und mit uns Menschen. Sie wollen geistig und körperlich gefordert werden. Sie sind dankbar für Belohnungen und entwickeln schlechte Angewohnheiten, wenn sie sich langweilen. Sie lernen ständig hinzu, nicht nur dann, wenn sie unterrichtet werden. Hunde sind jedoch keine verkappten Menschen. Charakter, Intelligenz, Widerstandsfähigkeit und Erziehbarkeit sind von Hund zu Hund verschieden. Trotz einer jahrhundertelangen Auswahlzucht denkt der Hund noch immer wie seine Wolfsahnen. Er ist ein Rudeltier, das seinen Platz in der Rudelhierarchie kennen und die Befehle des Rudelführers befolgen möchte. Für Ihren Hund sind Sie und Ihre Familie die Rudelführer. Sie entscheiden, und Ihr Hund fügt sich. Wenn Sie verstehen, wie Ihr Hund denkt, wird seine Ausbildung für beide Seiten zum Vergnügen.

Rassenunterschiede

Seit mindestens 10 000 Jahren züchtet der Mensch Hunde. Ursprünglich ging es dabei um bestimmte Verhaltensweisen und Fertigkeiten, wie sie etwa für die Jagd oder das Hüten und Bewachen der Herden gebraucht wurden, doch in den letzten 200 Jahren vorwiegend um Größe, Fellbeschaffenheit und Färbung. Bedingt durch ihre Geschichte sind gewissen Rassen spezielle Verhaltensformen zugeordnet, und manche Hundetypen sprechen auf die Erziehung besser an als andere.

Jagdhunde
Rassen wie die Weimaraner, Labrador Retriever, Setter und Spaniels lieben ihre Arbeit. Auch als Familienhunde brauchen sie eine Aufgabe, um sich wohl zu fühlen und ihre Energie aufrecht zu erhalten.

Spürhunde
Bluthunde, Bassets und Beagles sollten ursprünglich Duftfährten verfolgen, im Meuteverband arbeiten und die Jäger durch Heulsignale informieren. Sie können sich mit anderen Hunden gut verständigen und selbst die schwächste Witterung aufspüren.

Hütehunde
Deutsche Schäferhunde, Collies und Treibhunde wurden geschaffen, um m Bauern und Hirten zusammen zu arbe ten. Ursprünglich hat man sie auf Ausdauer gezüchtet und darauf, die Schafe und Rinder in die Fersen zu zwicken. Es sind treue und energische Tiere.

Wissenswertes

Geschlechtsunterschiede

So wie die einzelnen Rassen unterschiedliche Wesensmerkmale aufweisen, unterscheiden sich auch die Geschlechter durch bestimmte Besonderheiten. Das Gehirn der Rüden wird kurz vor der Geburt durch einen Hormonschub »vermännlicht«. Deshalb werden sie schon vor der Geschlechtsreife größer als die Hündinnen, und sie benehmen sich typisch männlich in ihrem Territorial- und Dominanzverhalten. In der Pubertät und dann wieder im Alter von etwa 2 Jahren können die männlichen Verhaltensweisen so übermäßig stark hervortreten, dass die Erziehung häufig schwierig wird. Das Gehirn der Hündinnen ist bei der Geburt »neutral« und wird erst in der Pubertät »verweiblicht«. Weibliche Hormone können das Eifersuchtsverhalten verstärken, Stimmungsschwankungen auslösen, die Geschmacksknospen verändern und den Drang zum Verkriechen steigern. Eine Kastration unmittelbar vor der Geschlechtsreife bewirkt oft, dass das bestehende »Persönlichkeitsbild« des Hundes erhalten bleibt.

Arbeitshunde

Diese Rassen wurden erzüchtet, um bestimmte Aufgaben zu erfüllen, sei es als Wachhund (Boxer) oder Schlittenhund (Malamute). Sie müssen sich unbedingt geistig und körperlich betätigen können.

Gebrauchshunde

Die meisten Rassen in dieser Gruppe, etwa Pudel oder Dalmatiner, werden vornehmlich als Familienhunde gehalten und nicht mehr für ihren ursprünglichen Zweck verwendet.

Terrier

Die Terrier, die ursprünglich für die Jagd auf kleines Wild und Raubzeug gezüchtet wurden, sind zumeist kleine, robuste Erdhunde mit kräftigem Gebell. Sie weichen nur selten vor einem Angreifer zurück.

Zwerghunde

Hunde wie der Chihuahua, der Cavalier King Charles Spaniel, der Yorkshire Terrier und die Bichons sind von vornherein als Begleit- und Schmusetiere gezüchtet worden und brauchen viel Zuneigung.

Persönlichkeitstypen

Obwohl jede Hunderasse ein charakteristisches Persönlichkeitsprofil hat, ist jeder Hund ein einzigartiges Wesen. Manche Hunde sind extrovertiert und stehen gern im Mittelpunkt des Interesses, während andere sich eher unterwürfig benehmen. Beide Typen sind leicht erziehbar, doch man muss dabei unterschiedlich vorgehen. Auch die Herkunft Ihres Hundes und seine frühen Lebenserfahrungen haben Einfluss auf seine Erziehbarkeit.

Ein kooperativer Hund reagiert enthusiastisch auf Erziehungsmaßnahmen

Ein dominanter Hund widersetzt sich den Befehlen seines Besitzers

Kooperativ und folgsam

Am leichtesten lassen sich Hunde erziehen, die von Natur aus neugierig und zutraulich sind. Hunde, die ihre Umwelt erkunden und auf Menschen hören, sprechen auf die Erziehung schneller an als unterwürfige, ängstliche oder übermäßig dominante Tiere.

Dominant und selbstbewusst

Manche Hunde, gleich welcher Rasse, sind von Natur aus selbstbewusste Persönlichkeiten. Auch das Geschlecht hat Einfluss auf die Erziehbarkeit. Kastrierte Rüden und nicht läufige Hündinnen sind am leichtesten zu erziehen. Nicht kastrierte Rüden sind meist dominanter und selbstbewusster und erweisen sich eher als »erziehungsverhärtet«.

Persönlichkeitsmerkmale

Kompromiss
Die meisten Hunde sind weder unterwürfig noch dominant. In verschiedenen Situationen und bei verschiedenen Menschen können sie entweder dominant oder unterwürfig auftreten. Die meisten Tiere weisen eine Mischung aus beiden Verhaltensformen auf.

Manipulation
Manche Hunde dominieren ihre Besitzer, indem sie Unterwürfigkeit vortäuschen. Ein solcher Hund kratzt vielleicht am Bein seines Herrchens und fordert es auf, ihn auf den Arm zu nehmen. Diese Tiere haben gelernt, auf unterschiedliche Weise ihre Autorität zu demonstrieren.

Unterwürfigkeit
Ausgesprochen unterwürfige Hunde meiden den Blickkontakt, klemmen den Schwanz ein und sinken vor Angst in sich zusammen, wenn sich jemand ihnen nähert.

Leicht ablenkbar
Manche Hunde haben mehr Interesse daran, mit anderen Hunden zu spielen, als ihrem Besitzer zu gehorchen. Diese Hunde sind vielfach im Welpenalter nicht richtig mit Menschen sozialisiert worden. Einen solchen Hund erzieht man am besten selbst und nicht in einer Hundeschule.

Der Hund duckt sich ängstlich

Unterwürfig und unsicher
Hunde mit unterwürfigem Wesen sind häufig überfordert, wenn sie einen Befehl befolgen sollen. Solche Tiere muss man bei der Erziehung behutsam und sanft anfassen. Kommandos sollte man deshalb nie zu scharf aussprechen. Wenn Sie noch nie einen Hund erzogen haben, sollten Sie vielleicht einen Fachmann zu Rate ziehen.

Rangordnung
Ein Hund muss allen Mitgliedern seiner Familie gehorchen. Er sollte lernen, dass er unter bestimmten Umständen – wenn er beispielsweise ein Geräusch vor dem Fenster hört – seine Dominanz durch Warngebell äußern darf. In anderen Fällen, wenn etwa ein Familienmitglied einen Befehl gibt, muss er gehorchen.

Frühes Lernen

Das Verhalten eines Hundes wird durch seine Mutter und seine Wurfgeschwister beeinflusst. Wenn beispielsweise die Hundemutter bellt, um Aufmerksamkeit zu erregen, werden die Welpen es ihr nachmachen. Die Persönlichkeit eines Hundes entwickelt sich im Alter von 3 bis 12 Wochen. Am besten erwirbt man einen Welpen, wenn er ungefähr 8 Wochen alt ist. Indem man dafür sorgt, dass er in den folgenden Monaten vielfältige Erfahrungen sammelt, legt man die Grundlagen für eine erfolgreiche Erziehung.

Der Welpe lernt den Umgang mit seinem eigenen Spielzeug

Begegnung mit Menschen

Achten Sie darauf, dass der Welpe mit möglichst vielen Menschen zusammenkommt, solange er noch sehr jung ist. Mit Zustimmung des Tierarztes sollten Sie ihn so oft wie möglich im Auto, zur Arbeit und in die Wohnungen von Freunden mitnehmen. Lassen Sie Ihren Welpen mit anderen Hunden spielen, von denen Sie wissen, dass sie gesund sind, und bringen Sie ihn mit Kindern und erwachsenen Menschen zusammen.

Erkundungsverhalten

Die Beschäftigung mit Spielsachen bietet dem Welpen geistige und körperliche Anregungen. Stellen Sie fest, welches Spielzeug dem Welpen besonders gefällt (es sollte keine Ähnlichkeit mit anderen Haushaltsgegenständen haben), und verwenden Sie es bei der Erziehung als Belohnung.

Problemlösungen

Soziale Entwicklung
Das richtige Benehmen gegenüber Artgenossen und anderen Lebewesen, vor allem Menschen, lernen Hunde im Alter bis zu 4 Monaten. Der Besuch einer Welpenschule (siehe S. 170) und eine frühe Sozialisierung mit anderen Tieren reduzieren die Wahrscheinlichkeit, dass später Probleme auftauchen. Ein beschränkter Kontakt mit Menschen im Welpenalter kann die Fähigkeit, Befehle zu befolgen, herabsetzen. Vor der Anschaffung eines Hundes sollten Sie möglichst viel über seine frühen Erfahrungen herausfinden.

Sofortige Belohnung
Wenn der Welpe einen Befehl befolgt, sollten Sie ihn sofort belohnen, etwa durch eine Streicheleinheit oder sanfte Worte. Als dominanter Teil der Partnerschaft sollten Sie stets die Kontrolle behalten.

Schlechte Angewohnheiten bleiben
Tragen Sie den Welpen nicht ständig herum, solange er noch sehr jung ist. Denn wenn Sie das tun, erwartet er eine ähnliche Behandlung, sobald er sich als erwachsener Hund unsicher fühlt.

Der Welpe weiß instinktiv, dass er dominiert wird

Der Welpe spielt hingebungsvoll

Angstvorbeugung
Überwachen Sie alle Aktivitäten des Welpen, um sicherzustellen, dass Situationen, die ihm Angst machen, auf ein Minimum beschränkt bleiben. Ängste, die im Jugendalter erlebt werden, können sich zu lebenslangen Phobien entwickeln, sofern sie nicht sehr schnell überwunden werden.

Geistige Anregungen
Hunde, die als Welpen gezielte Anregungen erfahren haben, erweisen sich als tüchtig im Lernen und Problemlösen. Ein Welpe lernt, indem er das Verhalten seiner Mutter beobachtet. In der Menschenfamilie sollte eine Person als »Ersatzmutter« fungieren, die für die Welpenerziehung zuständig ist. Doch auch alle anderen Familienmitglieder sollten dabei mitmachen.

Richtiges Timing

Bevor Sie mit einer Übung beginnen, sollte der Hund wissen, dass er auf Belohnungen zählen kann. Loben und belohnen Sie ihn sofort, wenn er Ihre Befehle befolgt. Sobald er Ihre Worte und Handzeichen begriffen hat, geben Sie ihm weniger Belohnungen. Tadeln Sie Ihren Hund nur dann, wenn Sie ihn direkt bei einem Fehlverhalten erwischt haben – zeigen Sie Ihren Ärger hinterher, dann irritiert ihn das nur.

Blickkontakt

Geben Sie Befehle und Handzeichen nur dann, wenn Sie Blickkontakt mit dem Hund haben. Überreizen Sie das Tier nicht durch zu viele Futterbelohnungen. Merken Sie sich, wie viel Sie ihm geben.

Körpersprache

Sehen Sie das Verhalten des Hundes voraus, indem Sie seine Körpersprache beobachten. Geben Sie Befehle, wenn Sie merken, dass seine Konzentration nachlässt, aber nicht dann, wenn er Ihnen nicht gehorcht hat.

Sofortige Belohnung

Belohnen Sie den Hund, sobald er Ihren Befehl ausgeführt hat. Anfangs verbinden Sie die Futterbelohnung mit lobenden Worten. Nach einiger Zeit erhält er weniger Leckerbissen, aber stets entweder eine Streicheleinheit oder Lobesworte.

Häufige Fehler

Verstärkung
Den Hund zwischendurch zu belohnen ist die wirksamste Methode, eine Verhaltensweise zu verstärken. Doch fördern Sie so nur gutes Benehmen, können ihm also keine schlechten Manieren abgewöhnen.

Unerwünschte Belohnung
Wenn der Hund einem davonfahrenden Radler nachhetzt, verschafft er sich zu Unrecht eine sofortige, befriedigende und gut getimte Belohnung. Das Timing der Belohnung verstärkt das Verhalten.

Voraussehbares Verhalten
Sobald Ihr Hund Blickkontakt mit einem anderen Hund aufnimmt, drehen Sie seinen Kopf zur Seite, um den Kontakt zu unterbrechen. Das sollten Sie tun, bevor Ihr Vierbeiner das Rückenhaar sträubt, knurrt oder an der Leine zu zerren beginnt.

Nachdrücklicher Befehl
Ein verbaler Befehl im Verein mit einem unerwarteten und unangenehmen – aber harmlosen – Strahl aus der Wasserpistole ist eine wirksame Form des Tadels, wenn sich der Hund schlecht benimmt.

Befehle erteilen

Hunde reagieren am besten auf kurze, scharfe Kommandos, die von eindeutigen Handzeichen begleitet werden. Vermeiden Sie die ständige Wiederholung eines Befehls, denn das würde den Hund irritieren. Erregen Sie seine Aufmerksamkeit, indem Sie zuerst seinen Namen aussprechen und dann den Befehl geben. Die Tonlage Ihrer Stimme ist dabei wichtig, ebenso Ihr Gesichtsausdruck. Lächeln Sie, wenn Sie zufrieden sind, und machen Sie ein böses Gesicht, wenn der Hund absichtlich unfolgsam war.

Aufmerksamkeit erregen
Benutzen Sie den Namen des Hundes, um seine Aufmerksamkeit zu erregen. Stehen Sie aufrecht, mit geraden Schultern, und sorgen Sie dafür, dass er sich auf Sie konzentriert. Zeigen Sie ihm zum Anreiz die Futterbelohnung.

Einladende Körpersprache
Ermuntern Sie den Hund zum Gehorchen, indem Sie eine einladende Körperhaltung einnehmen. Lächeln Sie, sprechen Sie mit freundlicher und lockender Stimme, und breiten Sie die Arme aus, um den Hund in Empfang zu nehmen.

Wissenswertes

Sprachverständnis
Hunde reagieren am besten auf kurze Worte. Geben Sie Ihrem Hund einen ein- oder zweisilbigen Namen, der sich deutlich von anderen häufig verwendeten Wörtern unterscheidet. Benutzen Sie ein einfaches Wort wie »Lauf!« oder »Gut!«, um einen Befehl aufzuheben.

Unbeabsichtigtes Lob
Wenn ein scheuer Hund vor einem Fremden zurückweicht und Sie ihn durch die Worte »ist schon gut« beruhigen, dann geben Sie ihm zu verstehen, dass Sie sein Verhalten billigen. Geben Sie ihm vielmehr viel Zeit und Platz, dem Fremden ganz natürlich entgegenzutreten.

Das Wörtchen »Nein!«
Das Timing Ihrer Befehle und das Wissen, wann Sie »Nein!« sagen müssen, sind wesentliche Bestandteile der Hundeerziehung. Auf das »Nein!« sollte stets ein positiver Befehl folgen, der dem Hund sagt, was Sie von ihm erwarten.

Körpersprache
Hunde können die Körpersprache des Menschen sehr gut »lesen«. Ihr Hund merkt, wenn Ihre Konzentration nachlässt oder wenn der Unterricht Sie zu langweilen beginnt. Versuchen Sie stets, die Aufmerksamkeit des Tieres wachzuhalten, indem Sie selbst hellwach bleiben.

Der Hund begreift, dass Frauchens abgewinkelter rechter Arm »Sitz!« bedeutet

Abweisende Körpersprache
Nehmen Sie eine drohende Haltung ein, wenn sich der Hund schlecht benimmt, und machen Sie ein ärgerliches Gesicht, wenn Sie ihm einen Verweis erteilen. »Nein!« ist eines der wichtigsten Wörter, die ein Hund lernen soll, denn es kann ihn davon abhalten, etwas Gefährliches anzustellen. Wenn Sie einen Hund haben, der ständig unfolgsam ist, sollten sie fachmännischen Rat einholen.

Handzeichen
Bringen Sie dem Hund bei, auf die Kombination von gesprochenen und optischen Kommandos zu reagieren. Hat er sich ein Stück weit von Ihnen entfernt, können Sie ihn dirigieren, indem Sie seinen Namen rufen und dann ein auffälliges Handzeichen geben.

Zusammenfassung

Die Erziehung sollte Ihnen und Ihrem Hund gleichermaßen Spaß machen. Beginnen Sie mit der Ausbildung in einer ruhigen Umgebung, und steigern Sie die Ablenkungen im Laufe mehrerer Wochen, bis sich der Schüler in jeder Umgebung gut zu benehmen weiß. Halten Sie die Lektionen kurz, üben Sie nur dann, wenn Sie und Ihr Hund voll bei der Sache sind, und erteilen Sie ihm nie Befehle, die Sie nicht durchsetzen können. Beenden Sie jede Lektion in positiver Stimmung.

Kurze Lektionen

Bei Hunden ist die Aufmerksamkeitsphase kürzer als beim Menschen. Sie sollten mit Ihrem Hund jeweils maximal 15 Minuten trainieren, und zwar nur zweimal täglich. Verzichten Sie auf Übungen, wenn Sie oder das Tier sich nicht konzentrieren können.

Die beste Übungszeit

Ein Hund lässt sich am besten erziehen, wenn er Hunger hat. Er ist dann geistig wach und spricht am besten auf Futterbelohnungen an. Wenn er zwei Mahlzeiten am Tag erhält, hat man Zeit für zwei gute Lektionen.

Problemlösungen

Weniger wirksame Belohnungen

Verringern Sie ein paar Tage lang die Zahl der Futterbelohnungen und Streicheleinheiten, doch verteilen Sie stets verbales Lob. Der Hund wird sehr bald lernen, nur auf Lobesworte zu reagieren.

Übungen im Freien

Sobald der Hund in der Wohnung Ihre Befehle zuverlässig befolgt, nehmen Sie ihn nach draußen an einen stillen Platz, und wiederholen Sie dort die Lektionen. Sorgen Sie dafür, dass Sie stets die Kontrolle behalten, damit Sie Ihre Befehle auch durchsetzen können.

Bevorzugte Belohnungen

Verwenden Sie eine Auswahl von Leckerbissen, und belohnen Sie die besten Leistungen mit dem wohlschmeckendsten. Hunde, die übermäßig scharf auf Häppchen sind, belohnt man besser mit Spielzeug.

Erziehung ist kein Spiel

Übungen sind kein Ersatz für Auslauf oder Spiel. Der Hund soll so viel Auslauf bekommen, wie es seinem Temperament, seiner Rasse und seinem Alter entspricht.

Durchsetzung von Befehlen

Erteilen Sie nur dann Befehle, wenn Sie Herr der Lage sind. Dieser Hund wurde abgelenkt, doch da er angeleint ist, weiß die Besitzerin, dass sie ihren Willen durchsetzen kann, falls der Futterköder und das Kommando missachtet werden.

Vergnüglicher Abschluss

Beenden Sie die Lektion stets mit einer Übung, die dem Hund Spaß macht und die er gut beherrscht. Spielen Sie mit ihm, aber heben Sie sich die begehrteste Belohnung nicht für den Abschluss der Lektion auf. Sonst würde der Hund die Lektion möglichst schnell beenden, um den abschließenden Lohn zu bekommen.

Realistische Erwartungen

Hunde sind etwas Wunderbares. Ihr Gehör und vor allem ihr Geruchssinn sind den unsrigen weit überlegen. Mit ihrer Kraft, Zähigkeit und Ausdauer haben sie uns Menschen geholfen, selbst die unwirtlichsten Weltgegenden zu besiedeln. Hunde lernen gern und bereitwillig. Doch in unserer Beziehung zu den Hunden gibt es ein Problem, und das ist unser Problem: Ein Hund denkt wie ein Hund, nicht wie ein Mensch.

Punkte, die es zu beachten gilt

Bevor Sie sich einen Hund anschaffen

Die ganze Familie muss sich einig sein, was für einen Hund sie sich wünscht und ob er zu ihr passt. Mit einem guten Hundebuch, etwa den BLV-Büchern »Hunderassen« oder »Charakterhunde«, kann man sich über die Eigenschaften und Haltungsansprüche der verschiedenen Rassen informieren. Erkundigen Sie sich bei einem Tierarzt oder einem anderen Experten danach, welche Anforderungen die auserkorene Rasse stellt und ob bei ihr irgendwelche genetisch bedingte Krankheiten bekannt sind. Wenn möglich, sprechen Sie mit Leuten, die diese Rasse besitzen.

Tierheimhunde

Hunde aus Tierheimen oder Tierasylen geben in der Regel wunderbare Gefährten ab. Die Gründe, weshalb sie abgegeben worden sind, haben häufig eher mit den Menschen als den Hunden zu tun. Deshalb sollten Sie so viel wie möglich über das Vorleben und die Bedürfnisse des Vierbeiners herausbringen, ehe Sie sich für ihn entscheiden.

Hunde sind keine Menschen

Der Fehler, den ich bei Hundehaltern am häufigsten beobachte, ist der, dass sie von ihrem vierbeinigen Gefährten zu viel menschliche Logik erwarten. Der Hund scheint zwar fähig zu sein, fast wie ein Mensch unsere Gefühle und Emotionen zu verstehen, aber seine natürliche Beziehung zu anderen Hunden unterscheidet sich radikal von unseren Beziehungen zu anderen Menschen. Behandeln Sie Ihren Hund wie ein hoch geschätztes Rudelmitglied, jedoch niemals als einen Rudelführer. Wenn Sie die Gebote und Verbote auf der nachfolgenden Seite beherzigen, sind Sie auf dem rechten Weg zu einem realistischen Verhältnis zu Ihrem Hund.

Wer erzieht den Hund?

Ein Mitglied der Familie sollte für die Erziehung des Hundes verantwortlich sein, doch alle Familienmitglieder sollten bei der Erziehung zusammenwirken, damit dem Hund Irritationen möglichst erspart bleiben und die Ausbildung konsequent durchgeführt wird. Vielleicht sollten Sie dem örtlichen Hundesportverein beitreten, wo Sie Ihren Hund unter Überwachung sozialisieren und viele wertvolle Tipps für die Welpenaufzucht erhalten können.

Hunde müssen Hunde bleiben

Es ist lebenswichtig, dass Hunde regelmäßig mit Artgenossen zusammenkommen und sozialisiert werden. Nur wenige Hunde gedeihen richtig, wenn sie zu stark ans Haus gebunden sind und keinen Kontakt zu ihresgleichen unterhalten können.

Krankenversicherung für Hunde

Hohe Tierarztrechnungen können fällig werden, wenn Operationen oder eine Langzeitbehandlung anstehen. Das sollten Sie vor der Anschaffung eines Hundes bedenken. Risiken können Sie ausschließen, wenn Sie eine Haustier-Krankenversicherung abschließen.

Wissenswertes

Hundekauf

Kaufen Sie nie einen Hund für jemand anders. Kaufen Sie nie einen Hund, weil er Ihnen Leid tut. Kaufen Sie nie einen Hund aus einer Kurzschlussreaktion heraus. Lassen Sie sich Zeit, bleiben Sie vernünftig, überlegen Sie gründlich und verschaffen Sie sich so viel Informationen wie möglich. Kaufen Sie nie einen Hund nur wegen seines Aussehens. Alle Welpen sind unwiderstehlich – doch alle Welpen werden größer. Wenn Sie sich nicht hundertprozentig für die Hundehaltung mit all ihren Freuden und Problemen entscheiden können, dann lassen Sie die Finger davon. Ein Hund ist eine Anschaffung fürs Leben. Beantworten Sie ganz ehrlich die Frage, warum Sie einen Hund haben möchten. Ein Vierbeiner soll kein Ersatz für ein Kind oder eine andere menschliche Beziehung sein. Wer einen Hund als Kindesersatz behandelt, bekommt es bei ihm oft mit echten Verhaltensschwierigkeiten zu tun.

Das sollten Sie tun	Das sollten Sie nicht tun
Bleiben Sie realistisch in Ihren Erwartungen.	Behandeln Sie Ihren Hund als Kindesersatz.
Behandeln Sie Ihren Hund wie jemanden, der stillschweigend tut, was man ihm sagt.	Wenden Sie im Umgang mit Ihrem Hund demokratische Prinzipien an.
Geben Sie klare und knappe Befehle.	Flehen Sie ihn an oder benutzen Sie Floskeln wie »Wenn du das noch einmal machst . . .«
Seien Sie konsequent.	Weichen Sie hin und wieder von den festgelegten Regeln ab.
Geben Sie jeweils nur einen Befehl und belohnen Sie dessen Befolgung.	Geben Sie Befehle, die Sie nicht durchsetzen können oder wollen.
Übernehmen Sie die Führungsrolle; Sie bestimmen, was gemacht wird.	Reagieren Sie auf die Forderungen Ihres Hundes.
Verwenden Sie den Namen des Hundes nur, wenn Sie einen Befehl geben.	Verwenden Sie den Namen des Hundes ohne Interaktion.
Ihnen gehören alle Spielsachen; nehmen Sie nach der Spielstunde alle weg.	Lassen Sie ihn in dem Glauben, das Spielzeug gehöre ihm.
Nehmen Sie dem Hund alles weg, was er gestohlen hat, Futter, Socken, Handtücher usw.	Lassen Sie sich herumkriegen, weil er so niedlich ist.
Rufen Sie den Hund stets zu sich, wenn Sie ihn streicheln wollen.	Gehen Sie zu Ihrem Hund hin, um ihn zu streicheln.
Ignorieren Sie ihn, wenn er gestreichelt, aufgenommen oder liebkost werden möchte.	Lassen Sie zu, dass der Hund durch unterwürfiges Verhalten seine Wünsche durchsetzt.
Füttern Sie ihn erst dann, wenn die Familie gegessen hat.	Füttern Sie ihn bei Tisch oder lassen Sie ihn die Teller sauber lecken.
Verwehren Sie ihm konsequent den Zugang zu Ihrem Bett und anderen Möbeln.	Gewähren Sie Ihrem Hund *manchmal* Zugang zu den Möbeln.
Gehen Sie durch Türen und Gänge und auf Treppen stets voran.	Lassen Sie zu, dass der Hund Sie führt.
Der Hund soll lernen zu warten, wenn Sie eine Tür, auch die Autotür, öffnen.	Lassen Sie ihn durch jede Tür rennen, sobald sie geöffnet wird.
Bringen Sie ihm bei, Gegenstände behutsam aus Ihrer Hand zu nehmen.	Erlauben Sie ihm, dass er Ihnen Futter oder andere Dinge wegschnappt.
Bringen Sie ihm bei, auf Befehl auszulassen.	Lassen Sie Ihren Hund endlos lange schnuppern und jeden Grashalm benetzen.
Bringen Sie ihm bei, anständig neben Ihnen her zu gehen.	Gestatten Sie dem Hund, Sie dorthin zu zerren, wohin er will.
Vergessen Sie nie: Ein Hund denkt wie ein Hund!	Belasten Sie Ihren Hund mit Ihren emotionalen Bedürfnissen.

2

Früherziehung

Hunde lernen ständig hinzu, doch am besten lernen sie, solange sie jung sind. In dieser Zeit können Sie das Verhalten Ihres Hundes entscheidend beeinflussen. Wenn Sie nicht eingreifen, lernt der Hund auch, aber nicht das, was Sie ihm beibringen möchten. Beginnen Sie mit einfachen Übungen schon an dem Tag, an dem der neue Hausgenosse einzieht. Beschaffen Sie ihm ein gut sitzendes Halsband, einen privaten Schlafplatz, eine abgegrenzte Spielfläche und geeignetes Spielzeug. Diese Spielsachen gehören Ihnen, dem Rudelführer, und sollten jedes Mal weggeräumt werden. Bis zur 12. Lebenswoche ist der Welpe am empfänglichsten für neue Erfahrungen. Je mehr er kennen lernt – Kinder, Katzen, andere Hunde, Jogger, Radfahrer, Kinderwagen, Autos und öffentliche Verkehrsmittel –, desto eher wird er derlei für selbstverständlich halten. Sorgen Sie dafür, dass Ihr Hund schon früh so viel lernt, wie er für das Leben, das Sie für ihn planen, braucht.

Eingewöhnung

Beginnen Sie mit der Erziehung, sobald der Welpe ins Haus kommt. Bringen Sie ihm Ihre Regeln bei, bevor er seine eigenen aufzustellen versucht. Alle Familienmitglieder sollten sich regelmäßig mit dem Kleinen beschäftigen, während er lernt, ein Halsband mit Leine zu tragen, nur aus dem eigenen Napf zu fressen, in seinem eigenen Bett zu schlafen, auf Zuruf herbeizukommen und auf Befehl zu warten. Allerdings sollte nur ein Familienmitglied für die eigentliche Erziehung zuständig sein.

Mit der Wohnungsleine hat Frauchen den Welpen stets unter Kontrolle

Warten lernen
Der Welpe sollte wissen, dass die Menschen vor den Hunden essen und deshalb dominantere Mitglieder des Haushalts oder Rudels sind.

Respekt lernen
Ein Welpe muss lernen, der Familie in seinem neuen Heim zu gehorchen; deshalb sollten sich alle Familienmitglieder mit dem Kleinen befassen.

Menschen haben Vortritt
Hunde rennen gern als erste durch eine offene Tür. Indem Sie dem Welpen beibringen, zu warten und Sie zuerst durchzulassen, machen Sie ihm klar, wer Herr im Haus ist. Wenn der Kleine diese Hierarchie nicht begreift, kann die Erziehung schwierig werden.

Wissenswertes

Das Bett als Zufluchtsort

Sondern Sie den neuen Hausgenossen nicht ab, denn Hunde sind neugierige und gesellige Tiere. Stellen Sie dem Welpen ein Bett als privaten Bereich zur Verfügung, und platzieren Sie es in einen belebten Teil der Wohnung, etwa in eine Küchenecke.

Knabbern aus Neugier

Welpen erkunden ihre Umwelt mit dem Geschmackssinn. Beißen ist für sie ein Spiel, doch Sie sollten ihm das Knabbern durch den strengen Befehl »Nein!« abgewöhnen. Bestrafen Sie den Welpen niemals mit Schlägen!

Bitterer Spray

Einen ungiftigen, bitter schmeckenden Spray bekommen Sie in den meisten Tierarztpraxen und Zoogeschäften. Besprühen Sie damit Gegenstände, die der Hund nicht beknabbern soll, auch Ihre Hände.

GRUNDAUSBILDUNG

Befehle erteilen S. 22

Zusammenfassung S. 24

Positive Verlockung

Mit Leckerbissen statt mit Disziplinierungsmaßnahmen können Sie dem Welpen schneller beibringen, was er nicht darf.

Ein privates Plätzchen

Zeigen Sie ihm, dass es Spaß macht, mit seinen Spielsachen allein in der Drahtbox zurückzubleiben (siehe S. 44). Lassen Sie ihn anfangs jeweils nur kurze Zeit allein.

Grundausstattung

Wählen Sie Zubehör, das der Größe und dem Temperament Ihres Hundes entspricht. Tauschen Sie das Halsband häufig aus, wenn der Welpe heranwächst. Sie benötigen eine kurze Leine, eine lange Übungsleine und eine ebenso lange leichte Leine für den Hausgebrauch. Ein Brustgeschirr, ein Würgehalsband und einen Maulkorb brauchen Sie nur für bestimmte Hunderassen (siehe S. 69).

Halsbänder, Leinen und Maulkörbe

Sie sollten Ihren Hund stets unter Kontrolle haben; das ist besonders wichtig in der Ausbildungszeit. Neben der Standardleine sollten Sie eine lange Gurtleine für Übungen im Freien und eine lange Wohnungsleine mit Bolzenhaken verwenden.

1 Lederleine
2 Reflektierendes Halsband
3 Kräftiges Leder- und Nylonhalsband
4 Flaches Halsband mit Schnellverschluss
5 Rundgenähtes Lederhalsband
6 Windhundhalsband
7 Leine mit Spielball
8 Roll-Automatik-Leine
9 Kettenwürger
10 Würgehalsband
11 Zwei-Meter-Gurtleine
12 Wohnungsleine aus Nylonschnur
13 Lange Leine aus Nylonschnur
14 Kopfgeschirr mit festem Schnauzenband
15 Kopfgeschirr mit verstellbarem Schnauzenband
16 Leinenmaulkorb
17 Ledermaulkorb
18 Brustgeschirr aus Leinengurten
19 Auto-Sicherheitsgurt

12

13

15

18

19

Allerlei Zubehör

Ein Bohnensack ergibt eine ausgezeichnete Matratze, und ein mit Zeitungen ausgelegter »Laufstall« eignet sich für Spielaktivitäten und die kontrollierte Erziehung zur Stubenreinheit. Drahtboxen sollten nur zum Schlafen und Spielen verwendet werden. Man sollte auch irgendein Abschreckungsmittel bereit halten, etwa eine Wasserpistole. Weiteres Zubehör braucht man für spezielle Trainingseinheiten (siehe S. 120).

Pflegewerkzeuge

Für die Körperpflege sollten Sie stets nur Geräte verwenden, die auf die Fellbeschaffenheit Ihres Hundes abgestimmt sind. Ein schnell wachsendes Fell muss geschnitten oder geschoren werden, während ein dichtes Haarkleid häufig ausgedünnt werden soll. Bringen Sie Ihrem Hund schon früh bei, sich an das Geräusch von Scheren zu gewöhnen. Die Krallen, vor allem die von kleinen, leichtgewichtigen oder älteren Tieren, brauchen regelmäßige Pflege. Bei gesunden Welpen sind die Zähne und Ohren von Natur aus sauber. Später jedoch sollten diese Körperteile routinemäßig gereinigt werden. Gewöhnen Sie schon den jungen Hund an die Gebiss- und Pfotenpflege.

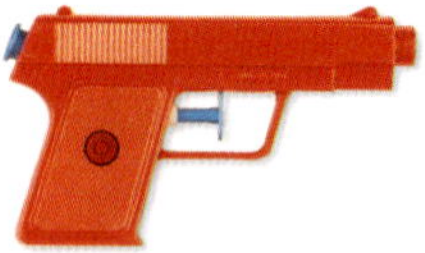

1

2

3

4

5

6

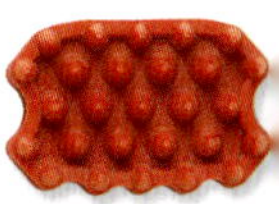

7

8

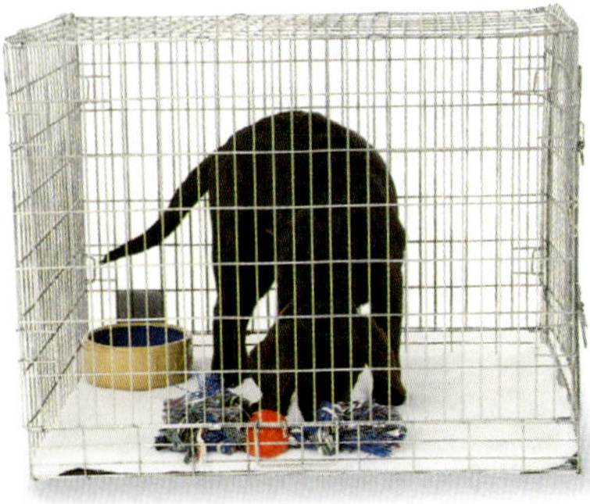

9

10

1 Wasserpistole
2 Trainingsscheiben
3 Klicker
4 Kleines Quietschspielzeug
5 Hundepfeife
6 Schüttelflasche
7 Gummibürste
8 Abschreckspray
9 Drahtbox
10 Bohnensackmatratze
11 Effilierschere
12 Zupfbürste
13 Trimmmesser
14 Elektrische Schermaschine
15 Weitgezahnter Kamm
16 Enggezahnter Kamm
17 Weiche Nadelbürste
18 Zahnbürste
19 Zahnsteinentferner
20 Bürste mit Kunststoffborsten
21 Krallenschere
22 Ledertuch
23 Hundezahnpasta
24 Flohkamm

Tägliche Körperpflege

Die tägliche Körperpflege hält nicht nur Ihren Hund sauber und gesund, sondern festigt auch immer wieder Ihre Autorität ihm gegenüber. Wenn Sie den Hund aufnehmen, seinen Kopf festhalten und seine Schnauze öffnen, zeigen Sie ihm Ihre Dominanz. Verwenden Sie anfangs Leckerbissen, um ihn von der Pflegeprozedur abzulenken, doch beschränken Sie sich später auf Lobesworte und Streicheleinheiten.

Vorbereitung der Fellpflege

Der Hund ist angeleint, damit man ihn besser unter Kontrolle hat

Eine Hand liegt mit der Handteller nach unten unter dem Körper

Den Hund hochheben

Wenn Sie den Hund hochheben, umfassen Sie mit einem Arm seine Brust und die Vorderbeine, mit der anderen das Hinterteil. Stellen Sie das Tier zur Körperpflege auf einen Tisch. Damit der Hund nicht abrutscht und sich nicht verletzt, können Sie eine Gummimatte auf den Tisch legen.

Den Hund still halten

Sorgen Sie dafür, dass der Hund stehen bleibt, und schieben Sie Ihren Daumen unter sein Halsband. So kann er sich nicht bewegen, und Sie haben ihn sicher im Griff.

Sonderfälle

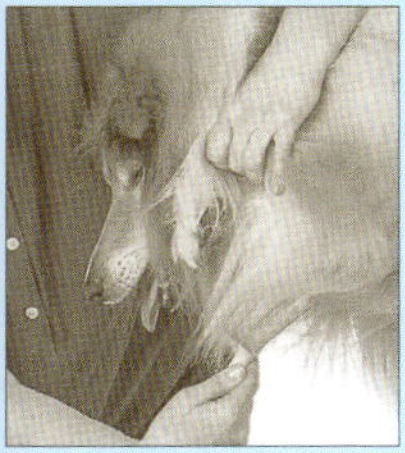

Langes Fell

Bei langhaarigen Hunden mit dichtem Fell neigt das Haar zwischen den Beinen zum Verfilzen. Bürsten Sie diese Stellen behutsam, denn dort ist die Haut oft besonders empfindlich.

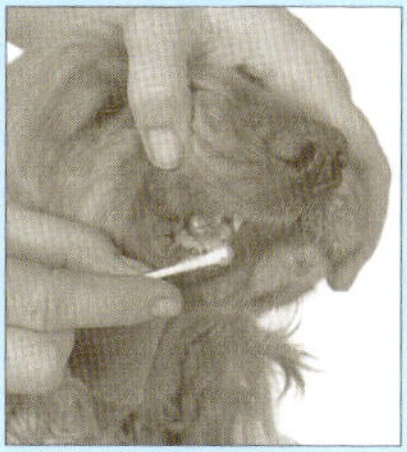

Lefzen und Zahnfleisch

Bei manchen Rassen müssen die Lippenfalten gesäubert und das Zahnfleisch regelmäßig kontrolliert werden. Verwenden Sie zum Reinigen feuchte Watte.

Sanftes Bürsten

Bürsten Sie den Hundekörper mit langen, kräftigen Strichen. Bearbeiten Sie das gesamte Fell, auch den Schwanz und die Beine, doch meiden Sie besonders empfindliche Stellen.

Kehrtwendung

Legen Sie die flache Hand mit geschlossenen Fingern auf die Hinterbeinmuskeln, um den Hund umzudrehen. Die flache Hand tut dem Hund nicht weh.

Sonderfälle

Behaarte Ohren

Reinigen Sie die Ohren mit einem angefeuchteten Wattestäbchen, aber stoßen Sie es nicht zu tief in den Gehörgang. Überschüssiges Haar wird mit einer Pinzette oder mit den Fingern entfernt.

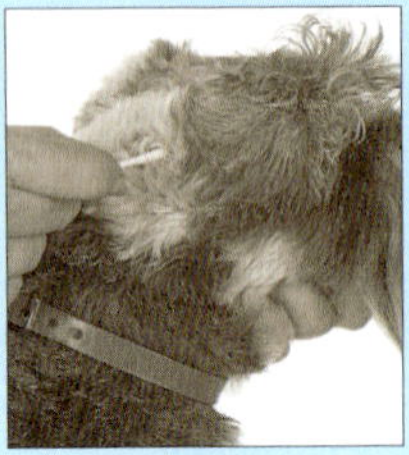

Pfotenpflege

Damit sich kein Schmutz zwischen den Zehen festsetzen kann, sollten Sie die Pfoten untersuchen und verfilztes Haar abschneiden.

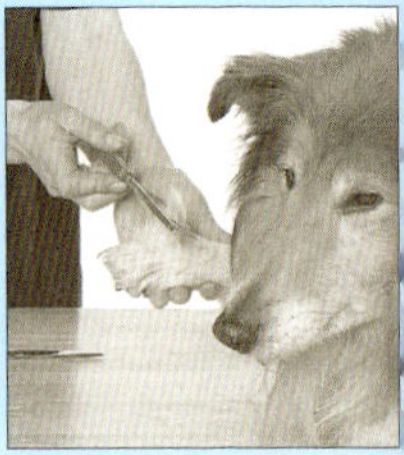

Körperpflege

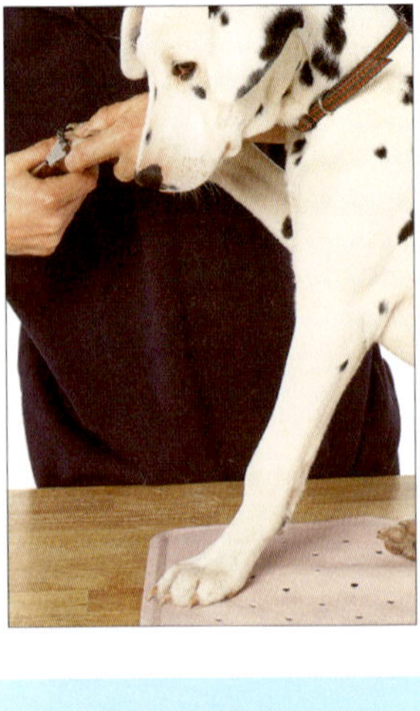

1 **Krallenschneiden**
Schneiden Sie die Krallen, nachdem der Hund gebadet hat, weil sie dann weicher sind. Achten Sie darauf, dass Sie nicht ins lebende Gewebe einschneiden. Überlassen Sie diese Prozedur im Zweifelsfall dem Tierarzt.

2 **Augenreinigung**
Bei vielen Hunden setzt sich Schleim in den Augenwinkeln ab. Halten Sie den Kopf des Tiers fest, und wischen Sie die Augen mit einem frischen, angefeuchteten Papiertaschentuch aus.

3 **Munduntersuchung**
Gewöhnen Sie den Hund mit Futterbelohnungen daran, dass Sie seine Schnauze öffnen und inspizieren. Das Gebiss und Zahnfleisch sollten Sie einmal in der Woche untersuchen.

Spiel- und Knabberzeug

Welpen beknabbern Gegenstände, um ihre Umwelt zu erkunden, aber dieses Knabbern kann zu einem kostspieligen Problem werden. Wenn Sie Ihren Hund dazu bringen, nur sein eigenes Spielzeug zu bearbeiten, verhindern Sie, dass er andere Sachen in der Wohnung demoliert. Wählen Sie nur ungefährliche Spielsachen aus, und dosieren Sie sie so, dass er nicht allzu besitzgierig wird.

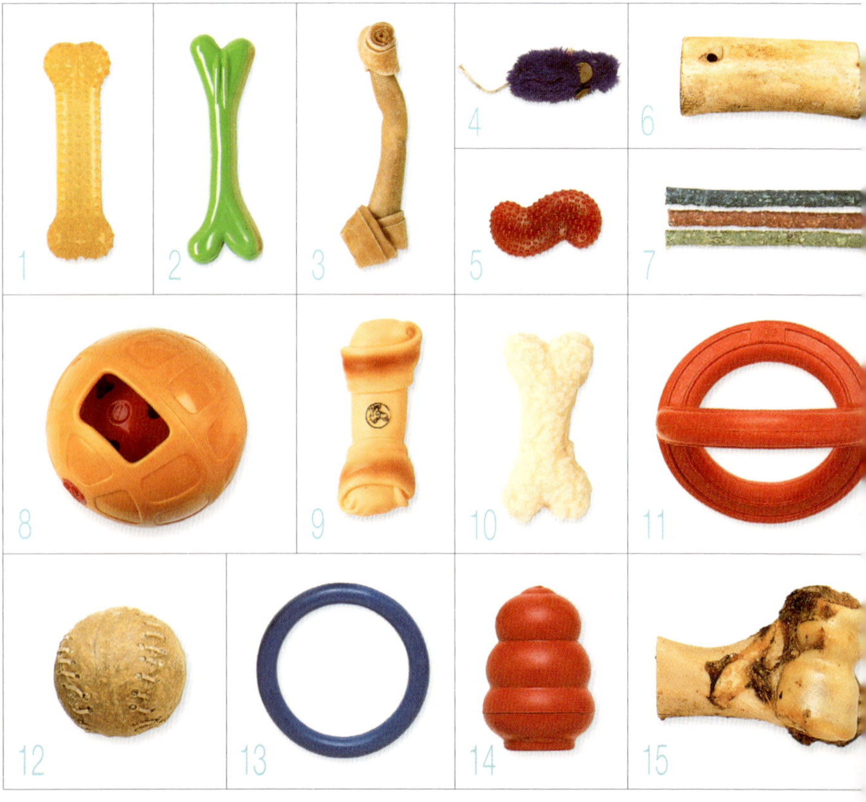

Spielzeugtypen

Die besten Hundespielsachen haben einen unverwechselbaren Eigengeruch und keine Ähnlichkeit mit Gegenständen, die das Tier sonst vorfindet.

1 Kauknochen zur Zahnreinigung
2 Gummiknochen
3 Büffelhautknochen
4 Quietschmaus
5 Spielzeug zur Zahnsteinentfernung
6 Markknochen
7 Knabberstangen
8 Spielball
9 Plastikknochen
10 Weicher Kauknochen
11 Gummiziehspielzeug
12 Büffelhautball
13 Gummiring
14 Hohles Kauspielzeug zum Ausstopfen
15 Sterilisierter Knochen
16 Seilball
17 Ziehspielzeug mit Tennisbällen
18 Frisbee-Scheibe
19 Gebisspflegeseil
20 Ziehspielzeug aus Plastik
21 Seil mit Kugel
22 Knuddel
23 Wurfball

7

18

9

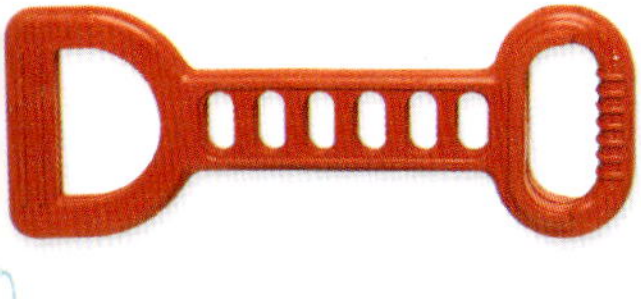

0

21

22

23

Neue Erfahrungen

Lassen Sie Ihren Welpen so viele Erfahrungen wie möglich sammeln. Wenn Sie einen Garten besitzen, beginnen Sie in ihm so bald wie möglich mit dem Training. Sofern Ihr Tierarzt nichts einzuwenden hat, nehmen Sie den Welpen nach draußen, damit er sich an den Verkehrslärm, an Fußgänger und ans Autofahren gewöhnt, vor allem aber daran, Ihnen in allen erdenklichen Umgebungen und Situationen zu gehorchen.

Der Welpe sozialisiert sich mit anderen Hunden

Spiel mit anderen Hunden

Wenn Sie Ihren Hund einmal in der Woche in eine Welpenschule (siehe S. 170) schicken, lernt er dort, was die Hundekörpersprache ausdrückt und wie er sie einsetzen kann, um sich mit anderen Hunden zu verständigen.

Begegnungen im Freien

Richten Sie es so ein, dass Ihr Hund mit fremden Personen zuerst in der Wohnung und dann erst draußen zusammentrifft. Dadurch ist er auf spätere Begegnungen mit Menschen vorbereitet, die ihn zu streicheln versuchen, ohne Sie um Erlaubnis zu fragen. Sagen Sie Ihren Freunden, sie sollen in die Hocke gehen, wenn sie den Welpen begrüßen, damit er sich vor ihnen nicht fürchtet. Sie können ihm auch einen Leckerbissen reichen, denn so lernt er, die Annäherungsversuche von Fremden positiv aufzunehmen.

Wissenswertes

Erste Erfahrungen im Freien

Es ist wichtig, dass ein Welpe so früh wie möglich die Gerüche, Anblicke und Geräusche des alltäglichen Lebens kennen lernt. Tragen Sie ihn nach draußen, noch bevor er alle Impfungen erhalten hat, aber setzen Sie ihn nicht auf den Boden.

Angst vor Fremden

Menschen mit Bart, mit Hut oder mit einer anderen Hautfarbe, die sich von der Menschenfamilie des Hundes unterscheiden, können ihm Angst einflößen. Arrangieren Sie Begegnungen zwischen Ihren Freunden und Ihrem Hund. Belohnen Sie ihn, wenn er sich neugierig zeigt, aber ruhig bleibt.

Belohnung für braves Benehmen

Belohnen Sie den Hund mit Leckerbissen und Lob, wenn er keine Anzeichen von Aufregung oder Unruhe zeigt. Fahren Sie zunächst nur kurze Strecken, und steigern Sie die Fahrtdauer nach und nach. Der Hund erhält jedesmal eine Belohnung, wenn er sich ruhig verhält.

Freundliche Annäherung

Ermahnen Sie fremde Kinder, sich dem Hund ruhig zu nähern und ihn von der Seite aus zu streicheln. Belohnen Sie das Tier mit Lob oder einem Leckerbissen, wenn es sich ruhig verhält.

Gewöhnung an das Auto

Der Kofferraum kann für den Hund ein Ort des Schreckens sein, vor allem wenn er bei der ersten Fahrt von »Reisekrankheit« und Übelkeit geplagt wird. Bevor Sie erstmals losfahren, locken Sie ihn mit einer Futterbelohnung in Ihren geparkten Wagen. Sobald er sich im Auto geborgen fühlt, machen Sie ihn mit dem Motorgeräusch vertraut. Bringen Sie ihm bei, den Wagen als eine zweite Heimat zu betrachten (siehe S. 154).

Gewöhnung an die Box

Uns kommt die Drahtbox vielleicht wie ein Gefängnis vor, aber für einen Hund, der sich schon im Welpenalter an sie gewöhnt hat, wird sie zu einem Lieblingsaufenthalt, zu einem Ort der Geborgenheit. Boxen dürfen nie als Strafmittel eingesetzt werden. Die Gewöhnung an die Box fördert die Stubenreinheit, verringert potenzielle destruktive Neigungen und erleichtert das Reisen mit dem Hund.

1 Bevor man mit der Boxenerziehung beginnt, stattet man den Behälter mit einer weichen Unterlage, einem Trinknapf und einem interessanten Spielzeug aus. Mit einem Leckerbissen und dem Befehl »Geh in deine Box!« lockt man den Welpen in sein neues Haus. Achten Sie darauf, dass die Tür offen bleibt, damit das Tier die Box jederzeit verlassen kann.

2 Sobald sich der Welpe an die Box gewöhnt hat, benutzt er sie auch weiterhin, ohne dazu gedrängt zu werden. Schließen Sie die Tür für einige Minuten, während der Welpe selbstzufrieden spielt. Stellen Sie die Box an einer belebten Stelle auf, etwa in der Küche.

Zusätzliche Vorteile

Individuelle Beförderung

Das Reisen mit dem Hund wird erleichtert, wenn Sie ihn als Welpen an die Box gewöhnt haben. In seinem privaten Behälter fühlt sich das Tier beim Autofahren sicher.

Nicht als Strafe

Schicken Sie einen Hund niemals in die Box, um ihn für irgendein Fehlverhalten zu bestrafen, so wie man vielleicht ein Kind in sein Zimmer verbannt. Der Hund sollte stets eine positive Einstellung zu seiner Box behalten.

Größe der Box

Die Box sollte so groß sein, dass der Welpe in ihr aufrecht stehen und sich umdrehen kann, aber nicht so groß, dass er eine Ecke als Toilette benutzen möchte. Die meisten Welpen beschmutzen ihr Lager nicht; deshalb kann man die Stubenreinheit fördern, indem man häufig »Toilettenpausen« einlegt.

3 Nachdem sich dieser Welpe an seine Drahtbox gewöhnt hat, lässt er sich auch gerne in einen »Laufstall« einsperren. Manche Hunde, vor allem solche aus dem Tierheim, ertragen das Eingesperrtsein nicht, doch bei Welpen gibt es nur selten Probleme. Der entspannte Welpe entschlummert in der Sicherheit seiner Box. Voll eingewöhnte Welpen sollten jedoch nicht länger als 2 Stunden pro Tag in der Box bleiben und sich vorher austoben können. Wenn der Laufstall mit Zeitungspapier ausgelegt ist, können die Welpen in ihm herumtollen und spielen, ohne Unheil in der Wohnung anzurichten.

Stubenreinheit

Wenn Sie einen ausgewachsenen Hund haben, der nie zur Stubenreinheit erzogen wurde, behandeln Sie ihn wie einen Welpen. Bestrafen Sie niemals Ihren Hund, weil er sich in der Wohnung vergessen hat, denn dadurch wird er nur nervös und scheu. Sie müssen vielmehr vorausahnen, wann er sein Geschäftchen erledigen muss. Wenn er aufwacht, gefressen oder gespielt hat, bringen Sie ihn zu dem Platz, wo er sich erleichtern soll, und machen Sie hinterher stets sauber.

Erziehung zur Sauberkeit

1 Dem Welpen anzugewöhnen, sich in der Wohnung auf Zeitungspapier zu erleichtern, kann ihn irritieren, weil er so lernt, dass ein Geschäftchen im Haus hingenommen wird. Wenn irgend möglich, sollten Sie dem Kleinen beibringen, sein Geschäft draußen zu erledigen, aber wenn er drinnen Zeitungspapier benutzen muss, sollten Sie ihn vorher eine Weile in die Box sperren.

Problemlösungen

Automatischer Reflex
Vermeiden Sie Missgeschicke in der Wohnung, indem Sie den Hund in seine Box sperren, bis Sie ihn zur Erledigung seines Geschäfts nach draußen bringen. Sagen Sie »Mach schnell!«, wenn er sich erleichtert. Schon bald wird er sein Geschäftchen machen, sobald Sie das Kommando »Mach schnell!« geben.

Bestrafung sinnlos
Verlieren Sie nicht die Geduld, solange Ihr Welpe zur Stubenreinheit erzogen wird. Den Hund zu beschimpfen ist sinnlos, sofern Sie ihn nicht tatsächlich dabei beobachten, wie er sich in der Wohnung erleichtert. In diesem Fall sagen Sie scharf »Nein!«, und führen Sie ihn dann zu seinem Toilettenplatz. Verhindern Sie Pannen, indem Sie den Welpen ständig im Auge behalten. Ist eine direkte Überwachung nicht möglich, sollten Sie den Kleinen in seine Box stecken.

2 Hunde sind von Natur aus bestrebt, ihren Privatbereich nicht zu verunreinigen. Sperren Sie den Welpen in seine Box, wenn Sie beschäftigt sind, und geben Sie ihm ein Spielzeug zum Beknabbern. Kontrollieren Sie die Zeit, die der Welpe in der Box verbringt, und holen Sie ihn heraus, wenn er sich erleichtern muss. Achten Sie darauf, dass die Box die richtige Größe hat.

3 Ein Welpe muss sich erleichtern, wenn er geschlafen oder gespielt hat, vor allem aber nach dem Fressen und nach dem Aufenthalt in seiner Box. Als Faustregel merken Sie sich, dass ein 3 Monate alter Welpe alle 3 Stunden hinaus muss, um sein Geschäftchen zu machen.

Wissenswertes

Verantwortungs-bewusstes Verhalten
Hundekot ist nicht nur ein Gesundheitsrisiko für Menschen und andere Hunde, sondern auch eine unschöne Umweltverschmutzung. Nehmen Sie Rücksicht auf Ihre Mitmenschen, und beseitigen Sie das Häufchen sofort. Wenn Sie Ihren Hund ausführen, sollten Sie stets ein Schäufelchen und eine Plastiktüte dabei haben. Benutzen Sie möglichst biologisch abbaubare Plastiktüten.

Voraussicht
Ein Hund, der plötzlich die Nase senkt und angelegentlich herumschnüffelt, gibt damit in der Regel zu verstehen, dass er aufs Klo muss. Sprays, die den Hund dazu verlocken, einen bestimmten Platz zu benutzen, sind in manchen Zoohandlungen erhältlich.

Sofortiges Lob
Wenn Sie den Welpen hinausführen, fesseln Sie seine Aufmerksamkeit, indem Sie mit ihm reden oder ihm ein Spielzeug zeigen, damit ihm unterwegs kein Missgeschick passiert. Sagen Sie »Mach schnell!«, wenn er sein Geschäftchen macht, und loben Sie ihn dann für die gute Tat.

Eingewöhnung

Die richtige Platzwahl

Die Stubenreinheitserziehung wird erleichtert und gelingt schneller, wenn sich der Hund nur in einem Bereich des Hauses aufhalten darf. Baby-Absperrgitter und Drahtboxen eignen sich ideal dafür, seinen Aufenthalt zeitweilig auf einen bestimmten Platz zu beschränken. Im Laufe der Erziehung können Sperrgitter und Boxen in verschiedene Räumlichkeiten verlegt werden.

Hundebett

Das Bett Ihres Hundes ist sein geschützter Privatbereich. Schicken Sie ihn niemals zur Strafe in sein Bett. Wenn er aufsteht, kann das bedeuten, dass er sich erleichtern muss. Geben Sie ihm das Bett mit, wenn er bei Freunden oder in einer Hundepension übernachten muss. Das gibt ihm ein Gefühl der Sicherheit und Geborgenheit.

Herbeikommen

Beginnen Sie mit dieser Übung, wenn Ihr Welpe aufmerksam und hungrig ist. Teilen Sie sein Futter in zehn gleich große Portionen ein, und locken Sie ihn den ganzen Tag über immer wieder zu seinem Napf, indem Sie seinen Namen rufen und den Befehl »Komm!« geben. Sie dürfen ihn niemals zu sich rufen, um ihn zu tadeln, denn sonst verbindet er die Rückkehr zu Ihnen mit einer unangenehmen Erfahrung.

1 Stellen Sie sich in einem stillen Zimmer, wo es keine Ablenkungen gibt, in einiger Entfernung vor Ihren Welpen hin. Eine Diele ist ein ideales Übungsgelände. Halten Sie einen Leckerbissen sichtbar in der Hand, und sprechen Sie den Namen des Hundes aus. Sobald er sich vorwärts bewegt, geben Sie das Kommando »Komm!«.

Problemlösungen

Der müde Hund

Hunde, insbesondere Welpen, haben kurze Aufmerksamkeitsphasen, und das Training ist für sie eine geistige Anstrengung. Üben Sie jeweils nur 5 bis 15 Minuten, doch niemals dann, wenn das Tier müde ist. Außerdem sollten Sie die Lektionen ansetzen, bevor der Hund herumtollt, damit er körperlich und geistig aufnahmebereit ist. Verändern Sie den Übungsplatz, um sein Interesse wach zu halten.

Der abgelenkte Hund

Falls der Hund auf eine Futterbelohnung nicht reagiert, ändern Sie das Fütterungsschema, indem Sie ihm weniger Mahlzeiten (aber größere Portionen) verabreichen. Wenn er auch dann noch auf Leckerbissen nicht gut anspricht, verwenden Sie als Belohnung ein quietschendes Lieblingsspielzeug.

Der eigensinnige Hund

Hat der Welpe einen starken Willen, halten Sie ihn bei allen Übungen stets an der Leine. Auf diese Weise können Sie immer seine Aufmerksamkeit erregen und ihn daran erinnern, dass er zuhören und folgen muss.

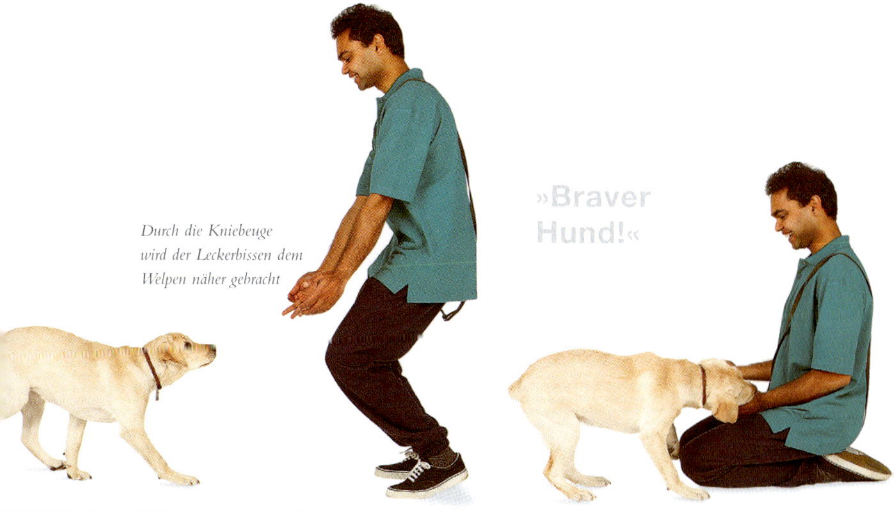

Durch die Kniebeuge wird der Leckerbissen dem Welpen näher gebracht

»Braver Hund!«

2 Sobald sich der Welpe auf Sie zu bewegt, loben Sie ihn begeistert mit den Worten »Braver Hund!« oder »So ist's brav!«. Ermuntern Sie ihn zum Näherkommen, indem Sie die Knie beugen und die Arme weit öffnen.

3 Wenn sich der Welpe nähert, gehen Sie in die Knie, um sich dem Niveau des Tiers anzugleichen. Belohnen Sie ihn nochmals mit Lob, Streicheln und einem Leckerbissen. Um das Interesse des Hundes wach zu halten, sollten Sie das Trainingsgelände öfter wechseln.

Herbeikommen draußen

Wenn der Welpe das Herbeikommen in der Wohnung gelernt hat, können Sie das Training mit Halsband und einer langen Leine beginnen, bevor Sie draußen einen Platz mit mehr Ablenkung aufsuchen. Für seine Sicherheit sind Sie verantwortlich. Deshalb dürfen Sie das Herbeikommen ohne Leine erst dann üben, wenn Sie absolut sicher sind, dass er auf Kommando zu Ihnen kommt. Rufen Sie Ihren Hund nie zu sich, um ihn zu bestrafen.

1 Machen Sie einen dicken Knoten in das Leinenende. Geben Sie das Kommando »Sitz!«, während Sie links neben dem Hund stehen und die verkürzte Leine in der rechten Hand halten. Setzen Sie den linken Fuß fest auf die Leine, und zwar möglichst nahe am Knoten.

2 Lassen Sie den Hund gehen, und geben Sie mit der Leine allmählich nach, wenn er sich vorwärts bewegt. Achten Sie darauf, dass Sie sich dabei der Geschwindigkeit des Hundes anpassen, damit er nicht zurück gezerrt wird, bevor das Ende der Leine erreicht ist. Vorsicht: Die Hundebeine dürfen sich nicht in der Leine verfangen.

Wissenswertes

Lob fürs Herbeikommen
Empfangen Sie Ihren Hund stets freundlich, wenn er zu Ihnen kommt, auch wenn es noch so lange gedauert hat. Ihr Lob gilt der jeweils letzten Tat des Tiers, in diesem Fall dem Herbeikommen.

Verborgene Leine
Schwenken Sie nicht die Leine, wenn Sie Ihren Hund rufen – damit würden Sie ihm signalisieren, dass er angeleint werden soll und der Spaß vorbei ist. Gewöhnen Sie sich an, einfach das Halsband zu berühren, wenn er zu Ihnen kommt. Packen Sie ihn nicht mit der Hand.

Das Kommen soll Spaß machen
Rufen Sie Ihren Hund mehrmals in der Woche auf Spaziergängen zu sich, belohnen Sie ihn für seine Folgsamkeit, und lassen Sie ihn dann wieder spielen. Wenn er zu Ihnen kommt, spielen Sie ein wenig mit ihm, damit er merkt, dass sich das Herbeikommen lohnt.

GRUNDAUSBILDUNG

Die Leine wird mit dem Fuß festgehalten

Der Hund wird mit offenen Armen empfangen

3 Sobald der Hund das Ende der Leine erreicht, rufen Sie mit klarer, freundlicher Stimme seinen Namen. Vielleicht müssen Sie Ihr Körpergewicht nach vorn verlagern, um dem etwaigen Zerren an der Leine entgegenzuwirken. Sie behalten die Kontrolle, solange Ihr Fuß fest auf der Leine steht.

4 Wenn der Hund seinen Namen zusammen mit dem Kommando »Komm!« hört, wird er sich umdrehen und auf Sie zukommen. Sobald er auf Sie zugeht, sagen Sie freundlich »Braver Hund!«. Dann knien Sie nieder und heißen ihn mit offenen Armen willkommen.

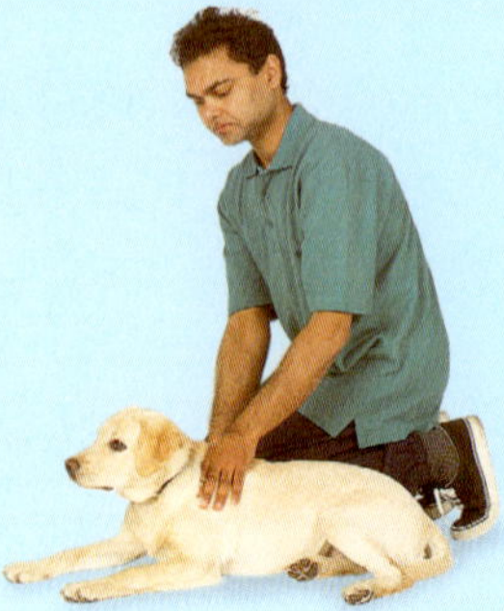

Hinsetzen und Hinlegen

Sobald Ihr Welpe das Herbeikommen auf Befehl richtig gelernt hat (siehe S. 50), können Sie ihm das Hinsetzen und Hinlegen beibringen. Bei diesen Übungen soll der Hund angeleint sein, damit Sie ihn immer unter Kontrolle haben. Nach dem erfolgreichen Abschluss dieser Lektion ist der Welpe erstmals imstande, eine kleine Folge zusammengehörender Befehle auszuführen.

Das Kommando »Sitz!«

Herrchen hält das Futter vor dem Körper

1 Dem Welpen zugewandt, bewegen Sie sich von ihm fort, mit der Leine in der linken und einem Leckerbissen in der rechten Hand. Bewahren Sie die Ruhe, wenn Sie ihn zu sich rufen und ihm gleichzeitig das Futter zeigen.

2 Wenn der Welpe bei Ihnen ist, bewegen Sie die rechte Hand über seinem Kopf auf und ab. Der Hund wird sich hinsetzen, um den Leckerbissen im Auge zu behalten. Befehlen Sie »Sitz!«, wenn er die Hinterbeine einknickt.

3 Wiederholen Sie das Kommando »Sitz!« frontal und dann seitlich zum Welpen. Belohnen Sie jede richtige Reaktion mit Lob und Leckerbissen. Verringern Sie nach und nach die Futtergaben – schließlich genügen Worte.

Problemlösungen

Der Hund will nicht sitzen

Falls sich der Welpe trotz Futterbelohnung nicht hinsetzen will, fassen Sie das Halsband mit der einen Hand und schieben Sie seine Hinterpartie mit der anderen nach innen. Dabei geben Sie das Kommando »Sitz!«. Loben Sie den Hund.

Er will sich nicht hinlegen

Knien Sie neben dem links sitzenden Welpen nieder. Legen Sie die Handflächen unter seine Vorderbeine (ohne sie zu greifen), und bringen Sie ihn in eine Bettelhaltung und dann in die Liegeposition. Loben Sie ihn.

GRUNDAUSBILDUNG

Herbeikommen S. 50

Das Kommando »Platz!«

Die Leine wird unter den Knien fixiert

Das Futter wird festgehalten, damit es nicht geschnappt werden kann

1 Wenn der Welpe sitzt, knien Sie rechts neben ihm nieder und fassen sein Halsband mit der linken Hand. Den Leckerbissen in der rechten Hand halten Sie ihm vor die Nase und führen ihn dann nach unten.

2 Sobald die Hundenase dem Leckerbissen folgt, bewegen Sie ihn nach vorn vor seinen Körper. In dem Augenblick, da der Welpe sich hinzulegen beginnt, geben Sie den Befehl »Platz!«, aber belohnen Sie ihn noch nicht.

3 Bewegen Sie den Leckerbissen so weit nach vorne, bis der Welpe sich hinlegt. Belohnen Sie ihn mit Lob und Futter. Wiederholen Sie diese Übung häufig, bis das Tier allein auf die Worte reagiert.

Gehen ohne Leine

Spaziergänge sind ein reines Vergnügen, wenn Ihr Hund brav neben ihnen her läuft. Es ist oft ganz einfach, einem Welpen zunächst das Bei-Fuß-Gehen ohne Leine beizubringen, weil er die Gesellschaft des Menschen genießt und deshalb im Allgemeinen seinem Besitzer bereitwillig folgt. Die meisten Welpen folgen auch gerne der Duftspur eines Leckerbissens; deshalb sollte man beim Training möglichst ein paar Futterbelohnungen dabeihaben.

Der Welpe folgt eifrig Leckerbisse

1 Wenn Sie geradeaus gehen und der Welpe der Futterbelohnung folgt, geben Sie das Kommando »Bei Fuß!« oder »Fuß!«. Halten Sie die linke Hand tief, damit Sie jederzeit das Halsband ergreifen können.

2 Beugen Sie die Knie, halten Sie das Futter dem Welpen vor die Nase, drehen Sie sich nach rechts, und wiederholen Sie dabei das Kommando »Fuß!«. Der Welpe muss sich beeilen, um Sie zu umrunden.

3 Bei der Drehung nach links benutzen Sie die linke Hand, um den Welpen am Halsband zu führen, und dabei rufen Sie »Ruhig!«. Halten Sie den Leckerbissen tief, und bewegen Sie die rechte Hand nach links. Der Welpe wird folgen.

Problemlösungen

Spaß beim Lernen

Interessierrt sich der Welpe nicht für einen bestimmten Leckerbissen, dann versuchen Sie es mit einer anderen Sorte, oder nehmen Sie ein begehrtes Quietschspielzeug. Die Lektionen müssen kurz sein; sie dürfen jeweils nur wenige Minuten dauern und müssen stets mit einem vergnüglichen Spiel abgeschlossen werden.

Spielzeug als Lockmittel

Wenn der Welpe auf die Futterbelohnung nicht reagiert, richten Sie seine Aufmerksamkeit auf ein Lieblingsspielzeug. Mit der langen Leine können Sie ihn dazu verleiten, Ihre Befehle zu befolgen.

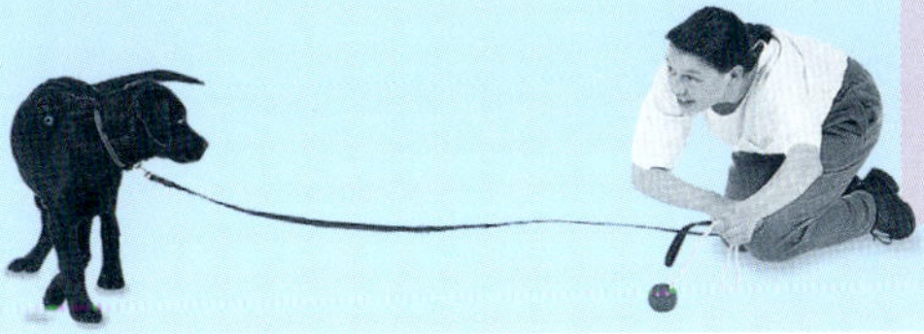

GRUNDAUSBILDUNG

Herbeikommen S. 50

Herbeikommen draußen S. 52

4 Wenn der Welpe aus irgendeinem Grund abgelenkt wird und seine Aufmerksamkeit nachlässt, schieben Sie die linke Hand unter sein Halsband, um ihn wieder in die richtige Bei-Fuß-Position zu bringen, und fahren Sie mit der Übung fort.

5 Sagen Sie »Wart!« und knien Sie rechts neben dem Welpen nieder. Halten Sie den Leckerbissen tief, um ihn vom Hochspringen abzuhalten. Legen Sie die linke Hand unter den Körper des Welpen, damit er sich nicht bewegen kann.

Gehen an der Leine

Die Sicherheit und das Wohlbefinden Ihres Welpen hängen von Ihnen ab. Ein Hund sollte nur dann frei umherlaufen dürfen, wenn Sie ihn in einer geschützten Umgebung beaufsichtigen können. Sie sollten Ihrem Welpen bereits beigebracht haben, an der Leine die Befehle »Sitz!« und »Platz!« zu befolgen (siehe S. 54) und Sie ohne Leine zu begleiten (siehe S. 56). Nun kann er lernen, an der Leine zu gehen, ohne an ihr zu zerren.

1 Die Vorbereitung dieser Übung sollte im Haus beginnen. Zeigen Sie dem Welpen die Leine, und lassen Sie ihn daran schnuppern. Dann befestigen Sie die Leine am gut sitzenden, bequemen Halsband (siehe S. 32).

2 Der Welpe steht links neben Ihnen, und Sie halten die Leine und einen Leckerbissen in der rechten Hand. Die linke fasst ebenfalls die schlaffe Leine, an der sie zum Halsband hinabgleiten kann. Befehlen Sie »Sitz!«.

3 Gehen Sie los, und zwar mit dem linken Fuß. Sobald der Welpe neben Ihnen herläuft, geben Sie das Kommando »Fuß!«. Drängt er nach vorne, lassen Sie die linke Hand nach unten zum Halsband gleiten, und ziehen Sie sanft nach hinten.

Problemlösungen

Hochsteigen an der Leine

Wenn der Welpe Sie anspringen oder an der Leine hochsteigen will, sagen Sie scharf »Nein!« oder »Aus!«. Treten Sie zur Seite, befehlen Sie ihm, sich hinzusetzen, und kehren Sie zum Anfang zurück. Trainieren Sie zunächst nicht draußen, weil er dort abgelenkt werden könnte.

Fehlschläge

Wenn der Welpe sich nicht bewegen will, locken Sie ihn sanft und geduldig mit einem geliebten Quietschspielzeug. Ziehen Sie ihn nicht hinter sich her, und verlieren Sie nicht die Fassung. Ermuntern Sie ihn mit Lob, und lassen Sie ihm Zeit, Vertrauen aufzubauen.

Ziehen an der Leine

Jedes Mal, wenn der Welpe an der Leine zieht, bleiben Sie stehen. Locken Sie ihn zurück und neben sich, bevor Sie weiter gehen. Weder er noch Sie dürfen die Konzentration verlieren. Verwenden Sie bei einem besonders ungestümen Hund ein Kopfgeschirr (siehe S. 69).

GRUNDAUSBILDUNG

Sitzen	S. 54
Hinlegen	S. 55
Gehen ohne Leine	S. 56

Frauchen hält den Welpen am Halsband zurück

4 Wenn der Welpe bei Fuß sitzt, geben Sie ihm seine Belohnung und loben Sie ihn. Dann befehlen Sie ihm, sich hinzusetzen. Verlängern Sie allmählich die Gehstrecke, sobald der Hund die aufeinander folgenden Befehle ausführt.

5 Sobald der Welpe bei Fuß geht und sich gehorsam hinsetzt, während Sie mit ihm umhergehen, können Sie ihm die Rechtskehre beibringen. Führen Sie ihn mit der linken Hand nach rechts, und sagen Sie »Fuß!«.

6 Bei der Linkskehre bewegen Sie sich schneller und halten dem Welpen das Futter vor die Nase, um ihn abzubremsen. Er soll dicht an Ihrem linken Bein bleiben, und wenn er langsamer wird, geben Sie das Kommando »Ruhig!«.

Training »ohne Hände«

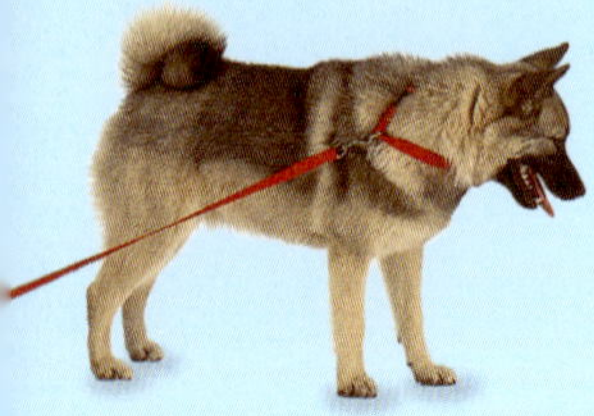

Ein unerzogener Hund zerrt von Natur aus an der Leine. Um ihn unter Kontrolle zu bringen, zerrt der Besitzer zurück. Die so entstehende Leinenspannung ist sinnlos und kontraproduktiv, da der Hund sie sehr bald als normal ansieht. Wenn Sie Ihrem Hund das Gehen an der Leine mit dieser »Frei-Hand-Methode« beibringen, verringern Sie das Risiko, dass sie ihm ungewollt das Zerren an der Leine beibringen.

1 Üben Sie an einem ruhigen Ort. Befestigen Sie eine etwa 2 m lange Leine am Halsband, doch nehmen Sie sie nicht in die Hand, sondern lassen Sie sie auf dem Boden liegen. Wecken Sie die Aufmerksamkeit des Hundes.

2 Setzen Sie sich mit dem linken Fuß voran in Bewegung. Der Hund wird sich, dadurch angeregt, ebenfalls nach vorn bewegen. Wenn seine Schultern Ihr linkes Bein passieren, bleiben Sie stehen und treten auf die Leine.

3 Ihr Hund muss abrupt stehen bleiben. Was da geschehen ist, mag ihn zunächst irritieren, und er wird sich umdrehen, um Sie anzublicken. Lächeln Sie, und locken Sie ihn mit dem Leckerbissen in der Hand zurück.

Problemlösungen

Zunächst drinnen
Diese Methode der Leinenkontrolle verlangt ein wenig Übung. Beginnen Sie damit in einem Flur, bis Sie die Kontrolle der Leine mit dem Fuß leidlich beherrschen. Achten Sie darauf, dass Sie den Fuß behutsam auf die Leine setzen und nicht stampfen.

Ohne Handbenutzung
Lassen Sie die Finger von der Leine, und setzen Sie ein Lächeln auf. Der Fuß auf der Leine bedeutet, dass Sie alles unter Kontrolle haben. Wenn Sie einen starken Hund haben, können ein paar Knoten an der Leine verhindern, dass sie unter dem Fuß weggleitet.

Immer freundlich
Bedenken Sie, dass die gespannte Leine aus der Sicht des Hundes nichts mit Ihnen zu tun hat. Warten Sie, bis er zurück an Ihre Seite kommt. Gehen Sie erst dann weiter, wenn Sie seine Aufmerksamkeit gewonnen haben und die Leine spannungsfrei ist.

GRUNDAUSBILDUNG

Herbeikommen	S. 50
Herbeikommen draußen	S. 52
Gehen ohne Leine	S. 56
Gehen an der Leine	S. 58

4 Ermuntern Sie Ihren Hund durch einladende Gebärden, eine freundliche Körpersprache und den Leckerbissen, an Ihre Seite zu kommen. Geben Sie sich so überschwänglich wie nötig, doch ohne den Hund übermäßig aufzuregen.

5 Belohnen Sie den Hund, wenn er zurückkommt. Wiederholen Sie die Übung, doch jetzt bleiben Sie stehen und locken ihn, bevor er das Ende der Leine erreicht hat. Sobald es in der Wohnung klappt, üben Sie draußen weiter.

Leinenprobleme

Welpen, denen man erlaubt hat, an der Leine zu ziehen und die Welt ohne Kontrolle durch den Halter zu erkunden, können sich zu leicht ablenkbaren Hunden entwickeln. Solche Hunde beknabbern häufig ihre Leinen, zerren an ihrem Besitzer, inspizieren jeden Gegenstand am Boden, jagen hinter anderen Hunden her und verweigern den Gehorsam. Leicht ablenkbare Hunde müssen lernen, manierlich an der Leine zu gehen.

Das Problem

Die Gegenmaßnahme

Knabbern und Hochsteigen

Für junge und ungestüme Hunde ist die Leine ein aufregendes neues Spielzeug. Solche Tiere kauen manchmal auf ihr herum oder versuchen, an ihr hochzusteigen.

Besprühen der Leine

Verleiden Sie dem Hund das Herumkauen auf der Leine, indem Sie sie mit einer bitter schmeckenden Flüssigkeit besprühen (siehe S. 31). Wenn er zu knabbern oder hochzusteigen versucht, wird er durch den unangenehmen Geschmack und nicht durch Sie diszipliniert.

Problemlösungen

Kein Wettrennen
Sorgen Sie dafür, dass Ihr Hund gern bei Ihnen bleibt. Lassen Sie ihn wissen, dass Sie sein Lieblingsspielzeug oder einen Leckerbissen haben und dass anständiges Gehen belohnt wird. Wenn er nach vorn zerrt, gehen Sie in die Gegenrichtung. Veranstalten Sie kein Wettrennen mit ihm.

Kein Zerren
Versuchen Sie herauszufinden, warum sich Ihr Hund hinlegt und sich weigert zu gehen. Vergewissern Sie sich, dass seine Angst nicht durch irgend etwas in der unmittelbaren Umgebung ausgelöst wird – einen Auspuffknall beispielsweise kann ein Hund als einen Angriff aus nächster Umgebung empfinden. In solchen Situationen ist oft die Begleitung eines ruhigen Artgenossen hilfreich. Weigert sich der Hund weiterzugehen, lockern Sie den Druck auf das Halsband, und ermuntern Sie ihn, sich fortzubewegen.

Das Problem

Die Gegenmaßnahme

Unterwerfungsgeste
Während sich manche Hunde bei der Rückführung in die Bei-Fuß-Stellung vor Schreck hinwerfen, fassen andere das Ganze als ein Spiel auf und wälzen sich auf den Rücken.

Verlockendes Spielzeug
Wenn sich der Hund hinwirft, treten Sie zurück, und verwenden Sie ein Spielzeug, um ihn zu locken und zum Aufstehen zu bewegen.

Rudelchef an der Leine

Vielen Hundehaltern passiert es, dass sie Tauziehen mit ihrem Vierbeiner spielen. Wenn der Hund nach vorn zieht, ziehen sie instinktiv zurück. Das ist falsch. Vergessen Sie nicht, dass Sie der Chef sind. Benutzen Sie Ihren gesunden Menschenverstand statt physischer Gewalt. Sehen Sie das Verhalten des Hundes voraus, und wenn er sich anschickt zu zerren, dann stören Sie seinen Gedankengang, indem Sie seinen Körper und Geist dorthin zurück locken, wo Sie ihn haben wollen.

Achten Sie auf Ihre eigenen Körperbewegungen

Halten Sie die Hände in Körpernähe, und fuchteln Sie nicht in der Luft herum. Lassen Sie die Leine nicht erschlaffen, aber vermeiden Sie es auch, sie aktiv zu spannen. Ihr Hund soll unterschwellig Ihre Anwesenheit spüren. Wenn er offenkundig scharf darauf ist, eine Katze oder einen anderen Hund zu jagen, dann reagieren Sie, während er noch über sein Vorhaben nachdenkt. Bleiben Sie gelassen. Stehen Sie aufrecht und bleiben Sie physisch entspannt, wobei Sie die Hände unten lassen und einen Fuß vor den anderen setzen. Das verleiht Ihnen eine Stabilität, die aus dem Körperzentrum kommt. Ziehen Sie nicht am Halsband, denn das könnte eine aggressive Reaktion auslösen.

Problemlösungen

Lenkhilfe
Betrachten Sie die Hundeleine als Lenkhilfe und nicht als Zwangsmittel. Benutzen Sie sie, um mit Ihrem Hund zu trainieren und um notfalls seine Sicherheit zu garantieren. Lassen Sie ihn jedoch, wenn die Umstände entsprechend sind, von der Leine, damit er die Freiheit des Hundelebens genießen kann.

Leinenabhängigkeit
Manche Hundebesitzer glauben, sie hätten ihren Vierbeiner unter Kontrolle, solang sie die Spannung der Leine spüren. Diese Leute wollen nicht einsehen, dass die echte Kontrolle aus ihrer Beziehung zu ihrem Hund erwächst, daraus, dass er ihre Befehle versteht und sie willig befolgen möchte, und nicht daraus, dass er gehorchen muss, weil er angeleint ist.

GRUNDAUSBILDUNG

Gehen an der Leine S. 58

Leinenprobleme S. 62

Locken Sie den Hund weg
Lassen Sie nicht zu, dass Ihr Hund das Objekt seiner Begierde anstarrt und die Leine straff zieht. Machen Sie es sich zur Gewohnheit, ein Spielzeug mitzunehmen, wenn Sie ihn ausführen. Benutzen Sie es, um ihn abzulenken, und drehen Sie seinen Kopf weg von dem Anblick oder Vorgang, der ihn veranlasst hat, an der Leine zu zerren.

Arbeiten Sie mit Ihrem Hund, nicht gegen ihn
Wenn Ihr Hund mit einem Artgenossen zusammentrifft, bleiben Sie gelassen, aber wachsam und bereit, sich nötigenfalls abzuwenden. Achten Sie darauf, dass Ihr Vierbeiner keine straffe, gespannte Leine zu spüren bekommt, denn daraus könnte sich eine Körpersprache ergeben, die eventuell eine Konfrontation mit dem anderen Hund auslöst.

3

Aufbauende Erziehung

Die zuverlässige Befolgung einfacher Befehle – »Komm!«, »Sitz!«, »Bleib!« und »Platz!« – ist das Kernstück der Hundeerziehung. Sie und Ihr Hund sollten das Grundgehorsamstraining regelmäßig wiederholen. Das ist und bleibt die Grundlage aller weiteren Erziehungsmaßnahmen. Diese sind deshalb wichtig, weil es immer wieder potenziell gefährliche Situationen gibt, in denen das Interesse Ihres Hundes abgelenkt wird. Die verlässliche Kontrolle Ihres Vierbeiners kann ihm buchstäblich das Leben retten. Die Vielfalt der Hundepersönlichkeiten ist etwas Wunderbares. Dieses Phänomen finden wir besonders reizvoll, doch es bedeutet auch, dass nicht alle Hunde auf die gleichen Erziehungsmethoden ansprechen. Wählen Sie die Methode, die für beide, Mensch und Hund, am geeignetsten ist. Modifizieren Sie, wenn notwendig, Ihre Trainingsmethoden, aber sorgen Sie dafür, dass die Lektionen stets kurz, freundlich und vergnüglich ausfallen.

Kontrolle und Zwang

Es ist wichtig, dass Sie bei der Ausbildung und vor allem in der Öffentlichkeit eine angemessene Kontrolle auf Ihren Hund ausüben. Die meisten Hunde reagieren auf den Zug an einem Spezial-Würgehalsband, doch für manche eignet sich besser ein Kopf- oder Brustgeschirr. Und wenn Vorschriften oder der gesunde Menschenverstand es gebieten, müssen Sie Ihrem Hund einen Maulkorb (siehe S. 32/33) anlegen.

Spezial-Würgehalsband

1 Achten Sie darauf, dass Sie das Würgehalsband richtig anlegen: Der weiche Gurt umschließt die Kehle, und die Kette wird über dem Nacken zusammengezogen.

2 Um das Halsband zu straffen, ziehen Sie die Leine nach oben. Dadurch werden bei den meisten Hunden unerwünschte Aktivitäten unterbunden, ohne dem Tier weh zu tun. Straffen Sie die Leine stets nur kurz und verwenden Sie keinen Würger bei Hunden mit empfindlicher Luftröhre.

Umgang mit dem Maulkorb

Anlegen des Maulkorbs

Knien Sie neben dem Hund nieder, und schieben Sie den Maulkorb von unten über die Schnauze. Ziehen Sie die Riemen vorsichtig über den Nacken und verschließen Sie sie. Der Maulkorb muss fest angelegt sein, darf aber nicht zu stramm sitzen. Der Hund sollte frei atmen können.

Beim ersten Mal

Anfangs wird der Hund versuchen, den Maulkorb abzustreifen. Man sollte den Korb niemals abnehmen, wenn der Hund ihn mit der Pfote bearbeitet. Lenken Sie ihn vielmehr ab, und entfernen Sie den Maulkorb erst dann, wenn sich das Tier beruhigt hat. Hunde, die einen Maulkorb tragen, dürfen nicht längere Zeit unbeaufsichtigt bleiben. Der Maulkorb hindert den Hund nicht nur am Zubeißen und an der Aufnahme unbekömmlicher Nahrung, sondern erinnert ihn auch daran, dass Sie Herr über ihn sind.

Kopfgeschirr

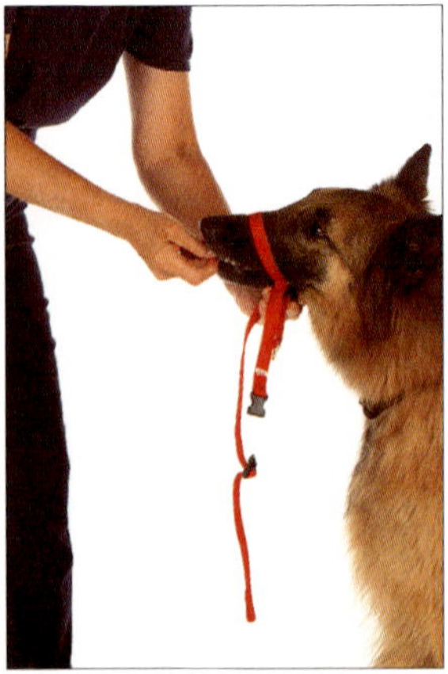

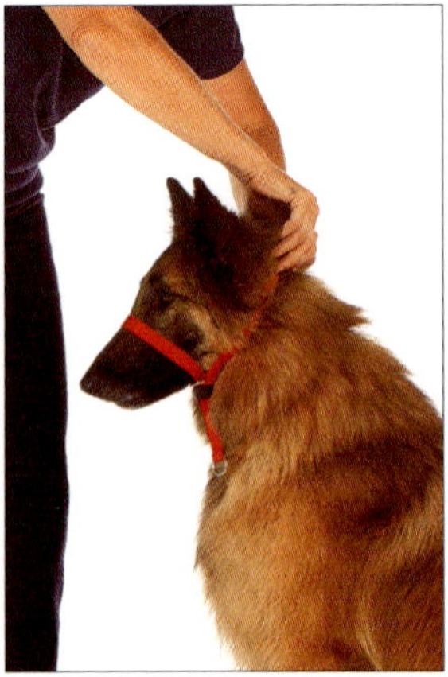

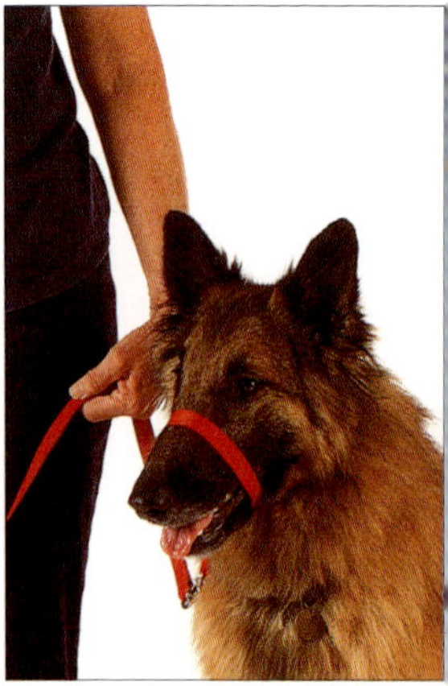

1 Ziehen Sie das Kopfgeschirr über die Schnauze, und legen Sie dabei eine Hand unter den Unterkiefer, damit der Hund den Kopf anhebt. Wenn Sie ihn mit einem Leckerbissen verführen, macht ihm die Sache direkt Spaß.

2 Schließen Sie das Geschirr im Nacken, aber achten Sie darauf, dass es nicht zu stramm sitzt. Sie müssen überall zwei Finger unter die Riemen stecken können.

3 Die Leine wird unter dem Unterkiefer in den Halterungsring eingehakt. Wenn der Hund nach vorne zieht, wird der Kopf durch den Vorwärtsdrang nach unten gezogen und die Schnauze geschlossen.

Problemlösungen

Geeignetes Zubehör
Welches Zubehör Sie auch wählen, es sollte stets der Rasse Ihres Hundes angemessen sein, und Sie müssen es leicht handhaben können. Benutzen Sie niemals Zubehör, das dem Tier Schmerzen verursacht oder es gar bei falscher Anwendung verletzen könnte.

Akzeptanz des Kopfgeschirrs
Wählen Sie ein Kopfgeschirr, das etwa bis zur Hälfte des Hundegesichts reicht, möglichst eines mit einem verstellbaren Schnauzenband. Es sollte fest, aber nicht zu straff sitzen und sich nicht nach oben bis zu den Augen verschieben. Der Hund braucht etwas Zeit, um sich an das Geschirr zu gewöhnen. Man erleichtert ihm die Akzeptanz, wenn man ihn mit angelegtem Geschirr fressen lässt. Üben Sie keinen anhaltenden Druck auf das Geschir aus. Lassen Sie den Hund mit dem Geschirr rechts und links neben Ihnen gehen, damit seine Nackenmuskeln nicht einseitig belastet werden. Nehmen Sie das Kopfgeschirr nie dann ab, wenn der Hund es loszuwerden versucht. Machen Sie es ihm schwer, es mit den Pfoten abzustreifen, indem Sie den Clip des Geschirrs nach hinten durch das flache Halsband führen. Entfernen Sie das Kopfgeschirr, wenn sich das Tier beruhigt hat.

Brust-geschirr

Provisorisches Geschirr
Schlingen Sie die Leine um die Brust des Hundes, sodass sie fest am Körper anliegt. So behalten Sie das Tier sicher unter Kontrolle, wenn es erschreckt wird und ausbrechen will.

Standardgeschirr
Ist das Geschirr richtig angelegt, wird der Hund durch den Druck auf den Brustkasten gebändigt. Ein Brustgeschirr eignet sich für Tiere mit empfindlicher Luftröhre, etwa Yorkshire-Terrier, und für solche mit muskulösem Hals, etwa Möpse.

»Sitz!« und »Bleib!«

Die Befehle »Sitz!« und »Bleib!« sind die Grundlage einer verantwortungsvollen Hundehaltung und wichtig für den Umgang mit dem Hund im Freien. Beginnen Sie das Training in einem ruhigen Wohnbereich, etwa in der Diele, und üben Sie jeweils nicht länger als 15 Minuten. Sobald Ihr Hund die Kommandos konsequent befolgt, können Sie auch einfache Handzeichen verwenden (siehe S. 78).

1 Halten Sie mit der linken Hand die geraffte Leine und mit der rechten eine Futterbelohnung. Sobald sich der Hund hinsetzt, geben Sie das Kommando »Sitz!«.

2 Halten Sie die Leine weiterhin straff gespannt, und machen Sie mit dem rechten Fuß einen Schritt nach vorn. Befehlen Sie zugleich »Bleib!«.

3 Halten Sie den freundlichen Blickkontakt mit dem Hund ständig aufrecht, und stellen Sie den linken Fuß neben den rechten.

4 Indem Sie einen leichten Druck auf die Leine ausüben und sie über den Kopf des Hundes halten, wenden Sie ihm das Gesicht zu.

Problemlösungen

Gieriger Hund

Manche Hunde sind sehr aufs Futter versessen. Wenn das bei Ihrem der Fall ist, stellen Sie vielleicht fest, dass Leckerbissen in dieser Lektion zu verführerisch sind. Sie müssen selbst entscheiden, wann und wann nicht der Hund wissen soll, dass Sie einen Happen in der Hand haben.

Wenn sich der Hund bewegt

Sie lehren den Hund eine völlig neue Sprache und können deshalb nicht erwarten, dass er auf Anhieb jedes Kommandowort versteht. Wenn er sich bewegt, dann fassen Sie mit der linken Hand das Halsband und drücken mit der rechten das Hinterteil nach unten und vorn.

»Braver Hund!«

Der Leckerbissen wird hoch gehalten, damit der Blickkontakt bestehen bleibt

5 Belohnen Sie den Hund, weil er sitzen geblieben ist. Gehen Sie nun langsam um ihn herum, wobei Sie die Leine über seinem Kopf festhalten. Geben Sie so wenige Befehle wie möglich, damit der Hund nicht verwirrt wird.

6 Nach mehreren Übungen sollte der Hund an der Leine das Hinsetzen und Sitzenbleiben gelernt haben. Lassen Sie jetzt die Leine los, und wiederholen Sie die beschriebenen fünf Einzelschritte. Der Hund wird jedesmal gelobt.

7 Wenn sich der Hund hinsetzt und sitzen bleibt, bekommt er seinen Leckerbissen. Belohnen Sie ihn, während er tut, was ihm gesagt wird, nicht hinterher. Beenden Sie die Übung, indem Sie die Arme ausbreiten und »Brav!« sagen.

»Komm!« und »Sitz!«

Da Sie eine potenzielle Gefahr oft eher erkennen als Ihr Hund, ist es für seine Sicherheit wichtig, dass er lernt, auf Befehl zu Ihnen zu kommen. Als Welpe ist Ihr Hund zu Ihnen gekommen, weil er Schutz suchte, doch auch im Erwachsenenalter sollte er zu Ihnen zurückkehren, weil er gern bei Ihnen sein möchte. Das Rückkehrtraining macht Spaß und gelingt am besten, wenn zwischen Ihnen und Ihrem Vierbeiner eine zuverlässige Bindung hergestellt worden ist.

1 Der Hund sollte bereits das Hinsetzen und Sitzenbleiben beherrschen. Mit der Leine in der linken und einem Leckerbissen in der rechten Hand gehen Sie von ihm weg und geben dabei das Kommando »Bleib!«.

2 Wenn Sie sich so weit entfernt haben, wie es die Leine zulässt, die Sie nach wie vor in der Hand halten, wenden Sie dem Hund Ihr Gesicht zu. Zeigen Sie ihm den Leckerbissen. Rufen Sie ihn mit dem Kommando »Komm!«.

3 Sobald der Hund bei Ihnen ist, geben Sie das Kommando »Sitz!«. Viele Hunde setzen sich von selbst hin, um die Belohnung im Auge behalten zu können, doch Sie sollten stets den Befehl erteilen, wenn sich das Tier hinsetzt.

Wissenswertes

Haben Sie Geduld

Die Befehle »Sitz!«, »Bleib!« und »Komm!« sind die wichtigsten Wörter, die Sie Ihrem Hund beibringen können, denn mit ihnen haben Sie ihn jederzeit unter Kontrolle. Jeder Hundehalter ist verpflichtet, dafür zu sorgen, dass sein Schützling nicht unangenehm auffällt. Loben Sie Ihren Hund, wenn er gut gehorcht, mit einer besonders freundlichen Stimme. Wenn er einen Befehl nicht ausführt, wiederholen Sie die Lektion ab der letzten erfolgreich absolvierten Übung.

Spaß muss sein

Die Ausbildung sollte Ihnen und Ihrem Hund Spaß machen. Verteilen Sie anfangs freigebig Belohnungen, und der Hund wird schon bald gerne zu Ihnen kommen, weil er Ihre Gesellschaft liebt. Beschließen Sie jede Lektion mit einem Spiel, damit der Hund sich auf die nächste freut.

GRUNDAUSBILDUNG

Herbeikommen	S. 50
Hinsetzen	S. 54
Gehen an der Leine	S. 58
»Sitz!« und »Bleib!«	S. 72

Die lange Leine hängt schlaff herunter, sichert aber die Befolgung des Befehls

4 Sobald der Hund gelernt hat, an der Standardleine zu Ihnen zu kommen, probieren Sie es mit einer langen Leine. Eine Spielzeugbelohnung kann das Tier aus der Distanz am besten erkennen.

5 Wenn der Hund die Kommandos »Komm!« und »Sitz!« brav befolgt, erhält er das Spielzeug und ein Lob. Schließlich wird Ihr Hund imstande sein, diese Übung auch ohne Leine auszuführen.

»Platz!«

Dem Hund beizubringen, sich auf Kommando hinzulegen, ist eine sehr nützliche Lektion, vor allem im Freien, wo Gefahren lauern, etwa in Form einer verkehrsreichen Straße. Ihr Hund lernt dabei auch, dass Sie der Herr sind, was besonders wichtig ist, wenn es sich um ein dominantes Tier handelt. Es gibt zwei Liegepositionen: Bei der »Sphinx« werden die Hinterläufe unter den Körper gezogen; »flach« bedeutet, dass die Beine nach einer Seite abgestreckt werden.

»Platz!«

1 Wenn sich der angeleinte Hund links neben Ihnen befindet, befehlen Sie »Sitz!«. Knien Sie hin, und klemmen Sie die Leine unter Ihre Knie. Halten Sie mit der linken Hand das Halsband fest, und nehmen Sie den Happen in die rechte.

2 Lassen Sie den Hund den in der Faust verborgenen Leckerbissen erschnuppern. Dadurch wird die Konzentration des Tiers geweckt, während die Hand unter dem Halsband verhindert, dass sich der Hund vorwärts bewegt.

3 Führen Sie die rechte Hand in einer L-förmigen Bewegung nach unten und dann nach vorne zwischen die Vorderpfoten. Sobald sich der Hund fallen lässt, um dem Leckerbissen zu folgen, geben Sie das Kommando »Platz!«.

Problemlösungen

Eigensinnige Hunde
Wenn sich der Hund nicht für Leckerbissen interessiert, probieren Sie es mit einem Kauspielzeug. Bringen Sie einen Hund nur dann mit körperlicher Gewalt in die Liegeposition (siehe S. 55), wenn er sich ohne weiteres anfassen lässt. Bei einem dominanten Tier arbeiten Sie nur mit Belohnungen.

Verstärkung des Befehls
Hebt der liegende Hund seine Schulterpartie an, bevor er dazu aufgefordert wird, fahren Sie mit der Hand an der Leine bis zum Halsband hinunter. Dadurch wird die Aufwärtsbewegung gehemmt und ein Druck nach unten ausgeübt. Wenn sich das Tier wieder hinlegt, wiederholen Sie den Befehl »Platz!« Der Hund darf die Liegeposition erst dann aufgeben, wenn Sie »Gut!« sagen.

GRUNDAUSBILDUNG

Herbeikommen S. 50

Hinsetzen und Hinlegen S. 54

»Sitz!« und »Platz!« S. 72

»Komm!« und »Sitz!« S. 74

»Platz!«

4

Wenn sich der Hund hingelegt hat, bekommt er seinen Leckerbissen. Ist Ihr Hund nicht an Futter interessiert, probieren Sie diese Übung mit einem Lieblingskauspielzeug. In diesem Stadium ist es egal, welche Position der Hund einnimmt, solange sie für ihn nur bequem ist.

Schnellverfahren im Notfall
Knien Sie hin, lassen Sie die Hand an der Leine bis zum Halsband hinab gleiten, und ziehen Sie nach unten, wobei Sie den Befehl »Platz!« geben. Loben Sie den Hund, wenn er sich hingelegt hat. Üben Sie das drinnen oder an einem ruhigen Platz mit wenig Ablenkungen. Sobald er die Lektion gelernt hat, können Sie in einer belebteren Umgebung weiter üben.

»Platz!« und »Bleib!«

Das Anspringen von Personen und das Hetzen sind Bestandteile des natürlichen Hundeverhaltens, aber beides kann unangenehm oder gar gefährlich sein. Indem Sie Ihrem Hund beibringen, sich auf Befehl hinzulegen und liegen zu bleiben, können Sie diese unerwünschten Aktivitäten unterbinden. Benutzen Sie dazu Befehle und Belohnungen, aber auch Handzeichen, die der Hund aus der Distanz versteht.

1 Liegt der Hund links neben Ihnen, geben Sie das Kommando »Bleib!«. Halten Sie die Leine in der rechten Hand, strecken Sie die linke zum Hund hin aus, und gehen Sie davon.

2 Halten Sie den Blickkontakt mit dem Hund aufrecht, und lassen Sie die Leine locker herabhängen, wenn Sie fortgehen. Benutzen Sie keine Leckerbissen, wenn Sie das Liegenbleiben üben, denn sonst möchte er sie sich holen.

3 Drehen Sie sich um, ohne den Blickkontakt aufzugeben, bleiben Sie stehen, und loben Sie den Schüler mit »Braver Hund!«. Verlängern Sie nach und nach die Liegeposition, bis der Hund sich einige Minuten lang nicht rührt.

Wissenswertes

Praktischer Nutzen
Sie sollten Ihrem Hund beibringen, auch dann liegen zu bleiben, wenn etwas Unerwartetes passiert. Das dient der Sicherheit des Hundes und anderer Personen und ist ein Beweis für sein gehorsames Verhalten.

Liegenbleiben in Ihrer Abwesenheit
Vergrößern Sie nach und nach den Abstand zwischen Ihnen und dem Hund, während er Sie noch im Auge behalten kann. Gehen Sie umher, wobei er liegen bleibt. Nur dann, wenn der Hund völlig entspannt ist, sollten Sie sich einmal kurz aus seinem Blickfeld entfernen.

GRUNDAUSBILDUNG

Hinsetzen und Hinlegen S. 54

»Sitz!« und »Bleib!« S. 72

»Platz!« S. 76

4 Nach wenigen Minuten kehren Sie zu Ihrem Hund zurück und belohnen ihn mit »Braver Hund!«. Sie sollten ihn leise loben, wenn er sich nicht von der Stelle gerührt hat. Belohnen Sie ihn nicht fürs Aufstehen.

5 Zeigen Sie dem Hund ihre offene Hand, und entlassen Sie ihn mit dem Wort »Gut!«. Belohnen Sie ihn danach nicht mehr mit Lob, denn das Lob muss für die Übung und nicht für die Entlassung bestimmt sein.

Beruhigung

Entpannungstraining für den Hund ist nicht so abwegig, wie man meint. Ein Hund, der sich bereitwilllig mit den Vorderläufen hochheben lässt, sich auf den Rücken wälzt und dabei seinen Bauch exponiert oder eine Bettelposition einnimmt, ist entspannt und umgänglich. Ein Vierbeiner, der gelernt hat, sich zu entspannen, lässt sich, wie ich als Tierarzt weiß, viel leichter untersuchen. Sowohl Welpen als auch ausgewachsenen Hunden kann man beibringen, sich zu entspannen und zu beruhigen.

Erregung dämpfen

Durch Übung entwickeln sich nach und nach Ihre Selbstsicherheit im Umgang mit dem Hund und dessen Vertrauen in Sie. Nehmen Sie ihn auf den Schoß, heben Sie seine Vorderpfoten an und ziehen Sie ihn nach hinten, bis er mit dem Rücken auf Ihrem Schoß ruht.

Vorderbeine anheben

Ziehen Sie Ihren Hund langsam hoch aus einer Sitzposition in eine Bettelhaltung. Heben Sie anfangs die Vorderbeine nur wenige Zentimeter an. Loben Sie ihn, wenn er ruhig bleibt. Wenn er sich verkrampft, senken Sie die Pfoten, aber halten Sie ihn fest, bis er sich entspannt.

Wohlige Entspannung

»Bauch oben« ist eine heikle Position, wenn ein Hund sich bereitwillig auf d Rücken legt und sich von Ihnen wieg lässt, dann heißt das, dass er Ihre »Hand greiflichkeiten« akzeptiert. Sprechen Si sanft, und geben Sie am Ende der Übu leise das Entspannungskommando.

Problemlösungen

Nichts überstürzen

Beginnen Sie mit den Entspannungsübungen in einer Umgebung ohne Ablenkungen und erst dann, wenn Sie Zeit haben, so ruhig zu werden, wie Sie es von Ihrem Hund erwarten. Drehen Sie ihn nicht einfach auf den Rücken. Erarbeiten Sie diese Position, damit das Tier sie als ganz natürlich empfindet.

Rassebedingte Schwierigkeiten

Für manche Hunde, etwa Windhunde, ist wegen ihres Körperbaus die Rückenlage schwierig und wahrscheinlich auch unbequem. Wälzen Sie diese Tiere und alle Hunde mit einem Rückenproblem nur auf die Seite.

Sanftes Kitzeln

Wenn Sie Ihre Finger überhaupt bewegen, dann nur ganz langsam und behutsam. Bearbeiten Sie den Bauch eines Hundes nicht wie ein Waschbrett! Sie sollten bestrebt sein, die Übung so angenehm zu gestalten, dass der Hund dabei einschläft.

Ruhiger Abschluss

Beenden Sie die Übung leise und ruhig und nicht damit, dass Sie aufspringen. Geben Sie dem liegenden Hund einen Leckerbissen, loben Sie ihn leise in der Liegeposition, und darauf folgt das Entlassungskommando, aber kein Lob mehr.

Subtile Kontrolle
Vierbeinige Energiebündel profitieren von dem aktiven Entspannungstraining. Wenn Sie neben dem Hund sitzen und die Leine unter dem Fuß einklemmen, dann kann er nicht aufstehen, um sich bemerkbar zu machen, und ist gezwungen, sich zu entspannen. Die Beruhigung ist eine wichtige Übung, die es Ihnen gestattet, ohne unerwünschte tierische Forderungen Ihrer Tätigkeit nachzugehen.

Die große Entspannung
Alle Hunde, ob groß oder klein, genießen das gemeinsame Entspannen mit ihrem Rudelführer, gleichgültig ob es einem natürlichen Bedürfnis entspringt oder eingeübt worden ist. Glücklicherweise empfinden auch die meisten Rudelführer das Kuscheln mit ihrem Hund als angenehm.

Kontrolliertes Bellen

Ein bellender Hund bietet Schutz und ist eine hervorragende »Alarmanlage«, aber Sie brauchen einen »Schalter«, mit dem Sie diese Anlage ein- und ausschalten können. Wenn Ihr Hund gelernt hat, auf Kommando »Laut zu geben«, können Sie nicht nur sein Gebell regulieren, sondern ihm auch Schweigen gebieten. Sobald er weiß, dass er nur unter bestimmten Bedingungen bellen oder »anschlagen« darf, kann man ihm auch beibringen, dass er bellt, wenn er etwa das Rauchwarngerät oder ein verdächtiges Geräusch vor einem Fenster hört.

1 Befestigen Sie die Hundeleine an einem Zaun oder Pfosten, und treten Sie etwa einen Meter beiseite. Necken Sie den Hund mit einem Spielzeug, und geben Sie ihm einen Leckerbissen, wenn er vor Enttäuschung bellt.

2 Stecken Sie das Spielzeug weg, und ersetzen Sie die Futterbelohnung durch die lobenden Worte »Braver Hund!«, wenn er bellt. Belohnen Sie ihn jedoch zwischendurch mit einem begehrten Leckerbissen.

3 Erteilen Sie das Kommando »Sprich!«, sobald der Hund bellt, und belohnen Sie ihn dann mit dem Spielzeug. Wenn Sie die Körpersprache des Tiers beobachten, können Sie das Bellen vorausahnen (siehe S. 20).

Wissenswertes

Alternativbefehl »Still!«
Wenn der Hund scharf auf Leckerbissen ist, können Sie ihm ein wohlschmeckendes Futterbröckchen auf die Nase legen, um ihn vom Bellen abzuhalten. Sagen Sie im genau richtigen Augenblick »Still!«, sobald das Bellen aufhört, und reichen Sie ihm dann seinen Lohn.

Schutz
Die meisten Menschen verlangen, dass ihr Hund nur zu ihrer Verteidigung bellt. Deshalb ist das Kommando »Pass auf!« womöglich geeigneter als das Wort »Sprich!«. Ein bellender Hund schreckt unerwünschte Besucher im Haus und potenzielle Angreifer im Freien ab.

Bitte um Aufmerksamkeit
Jedes Bellen ist im Grunde ein Bitten um Aufmerksamkeit. Doch ein Hund, der alles anbellt, was am Fenster vorbei kommt, kann zur Nervensäge werden. Vielleicht meint er, er müsse Wache halten, aber vielleicht langweilt er sich nur. Bieten Sie ihm Auslauf und geistige Anregungen, dann wird das Bellen aus Langeweile aufhören.

»Still!«

4 Hat der Hund das Kommando »Sprich!« begriffen, geben Sie den Befehl »Still!«, wenn er bellt. Reichen Sie ihm das Spielzeug, sobald er aufhört, aber stecken Sie es weg und sagen Sie »Nein!«, wenn er weiter bellt.

5 Nachdem Sie dem Hund beigebracht haben, wann er in Ihrer Nähe bellen oder schweigen muss, entfernen Sie sich ein Stück weit von ihm. Wiederholen Sie die Lektion von Anfang an, bis er auf die Kommandos richtig reagiert.

6 Kehren Sie zu Ihrem Hund zurück, und belohnen Sie ihn mit seinem Lieblingsspielzeug. Wiederholen Sie die Übung so lange, bis er auf die Belohnungen reagiert. Dann binden Sie ihn los und setzen das Training ohne Leine fort.

Trennungsangst

Hunde, denen es an Vertrauen mangelt, vor allem solche, die aus einem Tierheim oder -asyl kommen, zeigen am ehesten Zeichen von Trennungsangst – das heißt, sie bellen, graben, demolieren Möbel und andere Gegenstände, wenn sie allein gelassen werden. Diese innerlich unsicheren Tiere müssen sanft angefasst werden, und man braucht Zeit und Geduld, um ihnen die angstbesetzten Aktivitäten abzugewöhnen.

Heulen um Aufmerksamkeit

Ein Hund, der in einem geschlossenen Raum zurück bleibt, kann aus Protest heulen oder die Tür beschädigen, um hinaus gelassen zu werden. Kehren Sie nie zu einem bellenden Hund zurück. Warten Sie, bis er aufhört, bevor Sie ihn erlösen, und machen Sie dabei nicht viel Aufhebens. Ein Baby-Sperrgitter (siehe S. 49) gestattet es dem Hund, Sie zu sehen, ohne Ihnen überall hin zu folgen.

Eine Box ist kein Gefängnis

Viele Hunde betrachten ihre Drahtbox in der Wohnung als ihre Höhle und fühlen sich sehr wohl, wenn sie darin eine Zeit lang allein gelassen werden. Mit einer Box verhindert man, dass der Hund während des Alleinseins alles Mögliche zerbeißt und demoliert. Er sollte jedoch stets etwas zum Beknabbern in seiner Box haben.

Problemlösungen

Kein Auslöser
Wir können Trennungsangst auslösen, ohne es zu wissen. Wenn man mit dem Schlüsselbund rasselt, dem Hund erklärt, er soll brav sein, und Auf Wiedersehen ruft, dann signalisiert man dem Tier, dass man ausgehen will. Verlassen Sie das Haus vielmehr leise und rasch und ohne Diskussion.

Weggehen zum Schein
Der Hund sollte einsehen, dass Ihr Kommen und Gehen einfach zum Alltagsleben gehört und keine Bedrohung darstellt. Rasseln Sie mit den Schlüsseln, während Sie im Haus umher gehen. Gehen Sie hinaus, und kommen Sie schnell zurück. Verlassen Sie das Haus auf verschiedenen Wegen.

Mangelndes Vertrauen
Wenn Ihr Hund unter Trennungsangst leidet, sollten Sie nach und nach, in einem Zeitraum von vielen Wochen, die Trennungszeiten verlängern, wobei Sie ihm stets ein Spielzeug hinterlassen, das Sie in den Händen gerieben haben. Tadeln Sie das Tier nur dann, wenn Sie sein schlechtes Benehmen gesehen haben – nie hinterher. Ein falsches Timing Ihrerseits wird den Hund noch zusätzlich verwirren.

Erst austoben lassen
Ein Hund, der sich körperlich angestrengt hat und gefüttert und getränkt worden ist, legt sich normalerweise zum Schlafen hin, wenn er allein gelassen wird. Geben Sie ihm zur Besänftigung ein altes Kleidungsstück, in das er sich einhüllen kann, doch lassen Sie keine wertvollen Sachen herum liegen, die sich das Tier ebenfalls aneignen könnte.

Das eigene Bett
Lassen Sie Ihren Hund in seinem bequemen eigenen Bett zurück, und geben Sie ihm etwas zum Knabbern. Wenn Sie seinen Zugang auf bestimmte Bereiche der Wohnung beschränken, verhindern Sie, dass er irgendwo schläft, wo es ihm nicht erlaubt ist, oder sich fremdes Eigentum aneignet, um sich zu trösten, solange er noch nicht das Vorrecht erworben hat, sich völlig frei im Haus zu bewegen.

Pfotenübungen

Das Pfotentraining ist eine Geschicklichkeitsübung, bei der sich manche Hunde gelehriger anstellen als andere. Mit den Vorderpfoten können sich Hunde untereinander verständigen und auch das »Pfötchengeben« erlernen – ein sinnvolles Spiel, weil das Anheben der Pfote eine Unterwerfungsgeste ist. Indem Sie Ihrem Hund diese Lektion beibringen, festigen Sie Ihren Status als Rudelchef.

»Sitz!«

Der Hund wird von der Futterbelohnung zurückgehalten

1 Während sich der Hund links von Ihnen befindet, geben Sie ihm den Befehl »Sitz!«. Im Knien halten Sie das Halsband mit der linken Hand, und zeigen Sie dem Tier den Leckerbissen, der sich in Ihrer rechten Hand verbirgt.

2 Bewegen Sie die rechte Hand zum Boden hinab, bis sie vor den Vorderpfoten liegt. Halten Sie den Hund am Halsband fest, damit er sich nicht hinlegen kann.

3 Schieben Sie den Leckerbissen zu den Vorderpfoten hin. Wenn der Hund die Pfote anhebt, führen Sie die geschlossene Hand darunter und heben Sie sie ein wenig vom Boden ab. Halten Sie das Tier weiter am Halsband fest.

Wissenswertes

Pfotenspiel
Wenn der Hund gelernt hat, seine Pfoten zu benutzen, können Sie ihm das Öffnen von Türen und anregende Spiele beibringen. Sie können ihm etwa zeigen, wie er einen Hebel betätigen muss, der ein Spielzeug oder einen Ball zum Auffangen frei gibt. Darauf beruht das Hundespiel »Flugball«.

Übertriebenes Pfotegeben
Wenn der Hund Sie ständig mit den Pfoten traktiert, um auf sich aufmerksam zu machen, sagen Sie scharf »Nein!«, und befehlen Sie ihm, sich hinzulegen. Bedenken Sie jedoch, dass er Ihnen damit zu verstehen geben will, dass er geistige und körperliche Anregung braucht.

Pfoten hoch!
Sobald Ihr Hund gelernt hat, auf Befehl Ihre Hand zu berühren, machen Sie Folgendes: Heben Sie die Hand über seinen Kopf, und fordern Sie ihn auf, seinerseits eine Vorderpfote oder beide Pfoten wie zum Gruß zu erheben.

GRUNDAUSBILDUNG

»Sitz!« und »Bleib!« S. 72

»Pfote!«

4 Heben Sie die Faust, auf der die Vorderpfote ruht, in die Höhe, und geben Sie das Kommando »Pfote!«. Reichen Sie ihm dann den Leckerbissen. Wiederholen Sie die Übung, wobei Sie statt der Belohnung nur das Wort »Pfote!« benutzen.

5 Sobald der Hund gelernt hat, allein auf Befehl zuverlässig seine Pfote zu heben, zeigen Sie ihm, dass Sie eine Futterbelohnung hinter einem Sperrholzbrettchen versteckt halten.

6 Geben Sie den Befehl »Pfote!«, und belohnen Sie den Hund mit dem Leckerbissen, wenn er das Brettchen berührt. Das ist die Grundlage für allerlei körperlich und geistig anregende Berührungsspiele.

Gehen bei Fuß

Bevor Sie Ihrem Hund das Bei-Fuß-Gehen beibringen, sollte er das folgsame Sitzen beherrschen. Beginnen Sie das Training im Garten, und achten Sie darauf, dass er dort nicht abgelenkt wird. Steigern Sie dann die Ablenkungen, bis der Hund Ihnen bei Fuß aufmerksam durch den ganzen Garten folgt. Einen kräftigen oder ungestümen Hund halten Sie am besten mit einem Kopfgeschirr unter Kontrolle. Vermeiden Sie es, ständig das Kommando »Fuß!« zu wiederholen.

1 Der Hund soll links neben Ihnen sitzen. Halten Sie die geraffte Leine und eine Futterbelohnung in der rechten Hand, und fassen Sie mit der linken den Anfang der Leine unmittelbar über dem Halsband.

2 Indem Sie den Namen des Hundes mit dem Befehl »Fuß!« verbinden, gehen Sie los, und zwar mit dem linken Fuß. Geben Sie ihm den Leckerbissen, wenn er ein paar Schritte bei Fuß gegangen ist.

3 Sobald der Hund etwa 20 Schritte ohne Zwang und ohne Zerren an der Leine schafft, üben Sie im Weitergehen die Rechtskehre, und benutzen Sie einen Leckerbissen als Lockmittel.

Bei-Fuß-Gehen ohne Leine

Ohne Leine

Wenn der Hund das Bei-Fuß-Gehen an der Leine beherrscht, wiederholen Sie die Lektion ohne Leine. Hängen Sie sich die Leine über die Schulter, und halten Sie einen Leckerbissen in der rechten Hand. Gehen Sie los, wobei Sie das Kommando »Fuß!« geben.

Rechtskehre

Um dem Hund die Rechtskehre ohne Leine beizubringen, halten Sie ihn dicht an ihrem linken Bein, und nehmen Sie die Futterbelohnung in die rechte Hand. Geben Sie den Befehl »Fuß!«, und ziehen Sie den Hund nach rechts, sobald er dem Leckerbissen folgt.

Linkskehre

Indem Sie mit der rechten Hand, die den Leckerbissen hält, nach links hinüberreichen, gehen Sie mit dem linken Fuß los, um eine Linkskehre zu beschreiben. Geben Sie dabei das Kommando »Fuß!«. Der Hund verlangsamt seine Schritte, um in der Nähe der Belohnung zu bleiben.

Der Hund bleibt dicht an Frauchens Oberschenkel

4 Um dem Hund die Linkskehre beizubringen, lassen Sie die Hand an der Leine bis zum Halsband hinab gleiten, und indem Sie mit dem linken Fuß losgehen, beschleunigen Sie das Tempo, während Sie das Tier für die Wendung abbremsen.

5 Machen Sie nun die Kehrtwendung. Indem Sie weiter den Leckerbissen als Lockmittel benutzen, rufen Sie den Hund beim Namen und geben den Befehl »Fuß!« Dabei beschreiben Sie einen vollen Kreis. Der Hund wird der Futterbelohnung folgen.

Festhalten

Ein vergnügliches Spiel mit Ihrem Hund ist das Apportieren (siehe S. 93). Zuvor muss der Hund jedoch lernen, ein Objekt mit der Schnauze, dem Fang, festzuhalten. Verwenden Sie bei dieser Lektion kein Quietschspielzeug, weil Ihr Schüler allzu gern darauf herumkaut. Benutzen Sie vielmehr ein zusammengerolltes Teppichstück oder ein Apportierholz. Sie sollten den Hund nur mit Lob und Streicheleinheiten – nicht mit Leckerbissen – belohnen, denn er soll den Gegenstand ja weiterhin festhalten.

Festhalten eines Gegenstandes

1 Knien Sie neben dem Hund hin, der seinerseits sitzen sollte. Halten Sie die Leine mit den Knien fest, und legen Sie den linken Arm um den Hundekopf. Öffnen Sie behutsam den Fang mit dem Daumen, und sagen Sie »Braver Hund!«.

2 Nachdem Sie den Hund mit dem Trainingsgerät gelockt und ihn bei Laune gehalten haben, heben Sie seinen Kopf an und stecken ihm den Gegenstand in den Fang. Jetzt geben Sie das Kommando »Halt fest!«.

3 Der Hund sollte den Gegenstand bereitwillig und korrekt unmittelbar hinter den Fangzähnen festhalten und dabei die Zunge zurückziehen. Loben Sie ihn mit den Worten »Braver Hund, festhalten!«.

Problemlösungen

Festhalten schwierig

Manche Hunde, beispielsweise Boxer, sind so genannte Vorbeißer; sie müssen Gegenstände vor und nicht hinter den Fangzähnen packen.

Ausweichen vor dem Gegenstand

Wendet der Hund den Kopf von dem Gegenstand ab, dann folgen Sie der Kopfbewegung und halten das Objekt stets in Nasenhöhe des Tiers.

GRUNDAUSBILDUNG

Herbeikommen S. 50

»Sitz!« und »Bleib!« S. 72

»Komm!« und »Sitz!« S. 74

Aufheben eines Gegenstandes

4 Nun bringen Sie dem Hund bei, den Gegenstand aufzuheben. Führen Sie diesen vor die Hundenase, und bewegen Sie ihn dann zum Boden hin. Der Hund sollte dem Objekt eifrig folgen. Belohnen Sie ihn mit »Braver Hund!«.

5 Legen Sie den Gegenstand auf den Boden, jedoch ohne die Hand wegzuziehen. Befehlen Sie »Halt!«, wenn sich der Hund vorwärts bewegt, um den Gegenstand aufzunehmen.

6 Wenn Sie die Hand von dem Gegenstand entfernen, sollte der Hund ihn aufnehmen. Im selben Augenblick wiederholen Sie den Befehl »Halt fest!«, damit der Hund den Gegenstand nicht fallen lässt.

Apportieren

Wenn Ihr Hund das Festhalten und Aufnehmen von Gegenständen beherrscht, kann er lernen, sie zu jagen und zurückzubringen. Bei einem Welpen verwenden Sie zunächst einen Quietschball und lassen den Kleinen eine Weile damit spielen. Ansonsten eignen sich die gleichen Gegenstände wie in der letzten Lektion (siehe S. 90). Das Apportieren ist für den Hund eine geistige und körperliche Ertüchtigung.

Erste Übung: »Hol!«

»Hol!«

Der angeleinte Hund bleibt unter Kontrolle

1 Verwenden Sie einen auffallend gefärbten Gegenstand, etwa ein zusammengerolltes Teppichstück oder ein Apportierholz, um die Aufmerksamkeit des Hundes zu wecken. Halten Sie den Hund, der zur besseren Kontrolle angeleint ist, mit einer Hand am Halsband fest, und werfen Sie den Gegenstand ein kleines Stück weit.

2 Geben Sie den Befehl »Hol!«, und lassen Sie gleichzeitig das Halsband los. Nachdem der Hund das Aufheben und Festhalten von Gegenständen gelernt hat, wird er jetzt begeistert hinterher jagen.

Problemlösungen

Beknabbern des Gegenstands
Wenn Ihr Hund auf dem Apportiergegenstand herumknabbert, halten Sie den Befehl »Halt!« (siehe S. 90) so lange zurück, bis er lernt, den Gegenstand mit ruhigem Fang festzuhalten. Üben Sie dies zuerst noch einmal, wobei der Hund vor Ihnen sitzt und das Objekt ruhig im Fang hält. Loben Sie ihn sanft dafür, doch nicht für etwaiges Knabbern. Werfen Sie den Gegenstand erst dann wieder, wenn Sie das angestrebte ruhige Festhalten erreicht haben.

Bringverweigerung
Will der Hund den Gegenstand nicht holen, sollten Sie die Übung interessanter gestalten, indem Sie einen Quietschball benutzen und mit dem angeleinten Hund zu der Stelle laufen, wo der Ball gelandet ist. Vergrößeren Sie nach und nach die Wurfweite.

Aufnahmeverweigerung
Wenn der Hund zu dem Gegenstand hinläuft, aber dann offenbar ratlos davorsteht, hat er das Festhalten noch nicht richtig gelernt. Bringen Sie ihm mit einem interessanteren Spielzeug das Kommando »Halt fest!« nochmals bei (siehe S. 90).

Zweite Übung: »Komm!« und »Gib!«

1 Sobald Ihr Hund den Gegenstand gepackt hat, rufen Sie ihn mit dem strengen Befehl »Komm!« zurück. Wenn er sich umdreht und auf Sie zukommt, gehen Sie in die Hocke, um ihn zu ermuntern, und strecken Sie die Hand aus, um das Objekt in Empfang zu nehmen. Ziehen Sie notfalls an der Leine.

2 Bleiben Sie in der Hocke, und belohnen Sie den folgsamen Hund mit kräftigem Seitenstreicheln und dem Lob »Braver Hund!«. Legen Sie die Hand unter den Fang, damit das Tier den Gegenstand nicht fallen lässt.

Rückkehrverweigerung

Falls Ihr Hund nicht reagiert und gehorcht, wenn Sie den Befehl »Komm!« geben, üben Sie nochmals das Herbeikommen (siehe S. 50), und machen Sie erst dann mit Apportiertraining weiter.

Apportieren beim Welpen

Sie können diese Lektion in ein vergnügliches Welpenspiel verwandeln. Lassen Sie den Kleinen das Spielzeug beknabbern, und versuchen Sie nicht, es ihm wegzunehmen. Loben Sie ihn enthusiastisch, wenn er den Gegenstand von sich aus fallen lässt.

GRUNDAUSBILDUNG

3 Während der Hund das Objekt noch immer im Fang hält, stehen Sie auf und sagen »Danke!«. Dabei nehmen Sie behutsam, aber entschieden den Gegenstand aus dem Maul. An diesem Punkt gibt es kein Lob, denn ein Lob nach Herausgabe des Objekts verleitet Hunde vielfach dazu, den Gegenstand von sich aus auszuspucken. Ein Lächeln ist Lohn genug.

4 Um den Hund daran zu erinnern, dass Sie ihn noch unter Kontrolle haben, befehlen Sie »Sitz!«. Um ihn zu ermuntern, den Gegenstand auszulassen, wenn Sie das nächste Mal »Danke!« sagen, geben Sie ihm den Gegenstand als letzte Belohnung für den erfolgreichen Abschluss der Übung zurück.

4

Spiele und Sport

Wir alle neigen dazu, unsere Hunde als Familienmitglieder zu betrachten, zwar nicht als Menschen, aber auch nicht ganz als »Tiere« wie andere Tiere. Das Spielen mit unseren Hunden ist ein Kernstück dieser Beziehung, doch wir sollten bedenken, dass Hunde nach anderen Regeln spielen. Bringen Sie Ihrem Vierbeiner unsere Spielregeln bei, indem Sie auf seine natürlichen Bedürfnisse eingehen. Hunde brauchen geistige und körperliche Anregung. Ihre Rudelmentalität prägt alle Aspekte ihres Verhaltens – uns, den Kindern und anderen Hunden gegenüber. Es ist einfach und vergnüglich, Ihrem Hund beizubringen, die Befehle Ihrer Kinder zu akzeptieren, indem man Spiele erfindet, die den höheren Rang der Kinder bekräftigen. Wählen Sie Spiele, die der Größe, dem Gewicht, dem Alter und dem mentalen Status des Hundes entsprechen. Tauziehen sollte man beispielsweise meiden, wenn Sie einen von Natur aus dominanten Hund besitzen.

Hunde und Kinder

Kinder an den Umgang mit Hunden zu gewöhnen, ist genauso wichtig, wie Hunden das richtige Verhalten gegenüber Kindern beizubringen. Erklären Sie Ihren Kindern, dass man einen fremden Hund erst anfassen darf, nachdem man den Halter um Erlaubnis gefragt hat. Machen Sie ihnen klar, dass sie niemals auf einen fremden Hund zu rennen oder ihn necken oder anschreien dürfen.

Der Junge blickt die Hundehalterin an und fragt, ob er das Tier streicheln darf

Kein Blickkontakt

Achten Sie darauf, dass ein Kind den Blickkontakt zu Ihnen und nicht zum Hund aufnimmt. Da Kinder kleiner und schwächer sind als Erwachsene, laufen sie eher Gefahr, gebissen zu werden.

Sanftes Streicheln

Sagen Sie dem Kind, dass es den Hund von der Seite her und nicht von vorne streicheln soll und dass es nie dessen Kopf tätscheln darf. Loben Sie Ihren Hund für sein anständiges Benehmen, aber weisen Sie ihn zurecht, wenn er aus Angst schnappt oder knurrt.

Problemlösungen

Begegnung mit dem Baby

Der Hund darf das neue Baby sehen und beriechen, aber nicht berühren. Sie sollten ihn in Gegenwart des Säuglings loben, mit ihm spielen und ihn füttern. Das Geschrei und die Bewegungen des Kindes können beim Hund eine nervöse Reaktion auslösen.

Sicher ist sicher

In Anwesenheit von Kleinkindern sollte der Hund einen Maulkorb tragen. Das ist besonders wichtig, wenn er wachsam ist oder gerne hetzt, wenn er schon einmal jemanden bedroht oder gebissen hat oder wenn er nicht richtig zum Gehorsam erzogen worden ist.

Aufregung und Gehorsam

Der Hund soll liegenbleiben, selbst wenn er etwas so Aufregendes erlebt wie ballspielende Kinder. Da Hunde von Natur aus dazu neigen, in Spielsituationen zu schnappen und zu knabbern, sollten Sie das Tier nie mit kleinen Kindern allein lassen.

Dieser Hund gerät durch das Kind nicht in Panik

Begegnung mit Kindern

Ein fremder Hund darf ein Kind nur dann beschnuppern und inspizieren, wenn Sie sicher wissen, dass er zuverlässig ist. Selbst dann sollte dieses Beschnuppern und Inspizieren nur erlaubt sein, wenn Sie dabei sind.

Verantwortung der Erwachsenen

Nur erwachsene Familienmitglieder sollten den Hund füttern. Lassen Sie nicht zu, dass Kinder Essbares in die Nähe des Tiers bringen. Beachten Sie auch, dass kleine Kinder den Hund nur in Begleitung Erwachsener ausführen sollten.

Spielen mit Kindern

Einfühlsame und verantwortungsbewusste Kinder spielen sehr gerne mit gut erzogenen, folgsamen Hunden, die willig deren Befehle befolgen. Die lange Leine sorgt dafür, dass der Vierbeiner letztlich immer unter Kontrolle bleibt. Lassen Sie Kinder nicht in öffentlichen Anlagen Fußball mit Ihrem Hund spielen – der Hund möchte sonst gern bei jeder kickenden Gruppe mitmachen, und dort ist er als Mitspieler nicht immer erwünscht.

1

Zuverlässige Kontrolle
Wenn das Mädchen das Spielzeug wirft, wird der Hund hell wach. Ein gut erzogener Vierbeiner apportiert nur dann, wenn er den Befehl dazu erhält. Solche Spiele wie das Apportieren sollten am besten Erwachsene dem Hund beibringen. Kinder dürfen nur mitmachen, wenn das Tier genau weiß, was es tun soll.

2

Aufsicht durch Erwachsene
Das Kind nimmt unter Aufsicht eines Erwachsenen das apportierte Spielzeug entgegen. Bis ein Kind geistig reif genug ist und genau weiß, wie man sich bei einem Hund verhält und ihn unter Kontrolle hat, sollten alle Spielaktivitäten mit irgendwelchen Hunden stets von einem Erwachsenen überwacht werden.

Wissenswertes

Keine »Mundspiele«
Kinder sollten niemals »Mundspiele« mit Hunden veranstalten. Ein Hund hat 42 Zähne und ein Kind zehn Finger – ein arges Missverhältnis. Wenn man einen Vierbeiner zu solchen Spielen animiert, kann es passieren, dass er sich ranghöher fühlt als das Kind, und das gilt es zu vermeiden.

Kein Kräftemessen
Tauziehspiele mit Hunden können für Kinder fatale Folgen haben. Die meisten Kinder nehmen bei solchem spielerischen Kräftemessen einen sehr intensiven Blickkontakt auf, und das kann der Hund als eine ernste Konfrontation auffassen.

Kein gemeinsames Spielzeug
Die Spielsachen des Kindes gehören dem Kind, und der Hund darf sie nicht benutzen. Wenn nötig, verwenden Sie einen bitter schmeckenden Spray (siehe S. 31), um den Vierbeiner davon abzuhalten, sich das Kinderspielzeug anzueignen.

Nicht necken
Einen Hund mit Futter zu necken ist unfair und verleitet ihn ungewollt dazu, Kindern Essbares aus der Hand zu schnappen.

3 Kleine Rudelchefs
Wenn das Kind dem Hund das Spielzeug abnimmt, gibt es ihm eine Futterbelohnung. Durch Spiele mit allen Familienmitgliedern lernt der Hund, dass innerhalb des »Menschenrudels«, in dem er lebt, auch die Kinder Macht und Autorität besitzen. Zudem lernt er, dass Spiele mit Kindern Spaß machen.

4 Wem gehört das Spielzeug?
Der Hund muss lernen, dass alle Spielsachen den Menschen gehören, auch den kleinen Menschen. Am Ende eines jeden Spiels sollte Ihr Kind die Spielsachen vor den Augen des Hundes wieder in den Spielzeugkorb packen. Aus der Sicht des Tiers wird dadurch die Autorität des Kindes gesteigert.

Spielen mit Ihrem Hund

Hunde brauchen Anregungen, wenn sie gedeihen sollen. Außerdem sind sie neugierig, und sie lieben die Gesellschaft von Menschen. Indem Sie mit Ihrem Hund konstruktiv spielen, können Sie seine Langeweile lindern, seinen angeborenen Bewegungsdrang in die richtigen Bahnen lenken und etwaige destruktive Betätigungen verhindern. Durch die Kontrolle der Spiele festigen Sie Ihre Autorität über den Hund.

Frisbee-Spiele

Das Auffangen und Wiederbringen einer Frisbee-Scheibe ist für einen aktiven, gesunden Hund ein aufregendes Spiel, das allerdings für ältere oder übergewichtige Tiere körperlich anstrengend sein kann, vielleicht sogar gefährlich.

Ballspiele

Das Auffangen und Auslassen des Balls ist ein einfaches Spiel, mit dem Sie die Reaktionen und den Gehorsam des Hundes testen können. Werfen Sie den Ball stets vom Hund weg, nicht auf ihn zu. Letzteres ist gefährlich, denn der Ball könnte dem Tier beim Fangen in den Schlund rutschen.

Wissenswertes

Belohnungsspiele

Bauen Sie Übungen in die Spiele ein, um Befehle wie »Komm!« und »Sitz!« zu verstärken oder um den Hund mit einem Spiel zu belohnen. Wenn andere Leute beim Spielen mitmachen, lernt das Tier, sich in der Gesellschaft aller Menschen wohl zu fühlen.

Umgang mit Spielzeug

Wenn Sie mit Ihrem Hund gespielt haben, packen Sie das Spielzeug stets weg. Dadurch lernt er sehr schnell, dass die Spielsachen Ihnen gehören und dass er nur zu Ihren Bedingungen mit ihnen spielen darf. So werden sie für ihn begehrenswerter, sodass Sie sie als Belohnung einsetzen können.

Fährtenlesen

Vielen Hunden, insbesondere Jagdhunden, macht es Freude, sich auf eine zu verfolgende Duftfährte zu konzentrieren. Sie können für Ihren Hund eine Fährte legen, indem Sie über eine Grasfläche gehen und am Ziel eine Futterbelohnung deponieren.

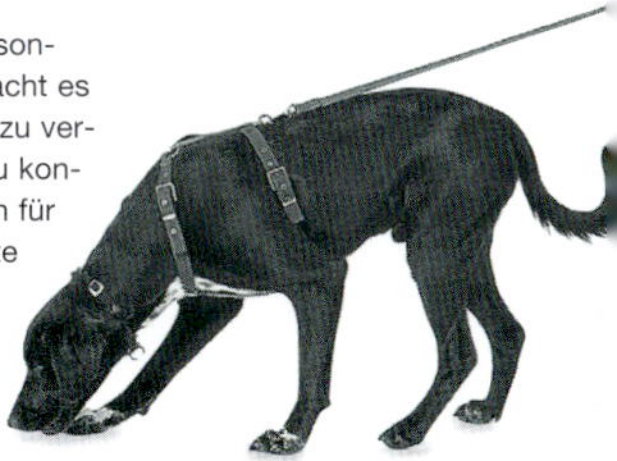

Tauziehen

Dieses Spiel sollten Sie nur dann betreiben, wenn der Hund das Auslassen von Gegenständen auf Befehl geübt hat (siehe S. 94). Benutzen Sie dazu stets hundegeeignete, robuste Spielgeräte. Verzichten Sie auf solche Ziehspiele mit »besitzergreifenden« Tieren, denn sie könnten aggressiv reagieren.

Joggen

Gesunde Hunde brauchen viel körperlicher Betätigung, und wenn Sie Ihrem vierbeinigen Freund beigebracht haben, Sie beim Joggen bei Fuß zu begleiten, dann ist das für beide ein vergnüglicher Sport.

Agility-Training

Das Agility-Training kann Ihnen und Ihrem Hund gleichermaßen viel Spaß machen. Scheue Hunde werden dadurch selbstsicherer, ungestüme vorsichtiger, und ungeschickte lernen, wo sie ihre Pfoten haben! Jeder Hund, egal welcher Größe, Rasse oder Altersstufe kann dabei mitmachen. Das Training beginnt, wenn der Vierbeiner körperlich und mental reif genug ist und den Grundgehorsam beherrscht. Weitere Informationen gibt Ihnen der Agility-Trainer.

»Drüber!«

Mit gutem Beispiel voran
Zeigen Sie Ihrem Hund, was Sie von ihm erwarten. Mit der Kurzleine in der Hand steigen Sie selbst über die kleinen Hindernisse. Die Leine zwingt den Hund, ebenfalls darüber zu springen. Bei dieser Übung sollten Sie darauf achten, dass Sie ihn mit der Hand mitten über die Hürden führen.

Sprung über Zäune
Ihr Hund soll lernen, alle möglichen Hindernisse zu überspringen. Führen Sie ihn an der Leine über die Hürde, die man aus einem Besen basteln kann. Bleiben Sie an der Seite des Vierbeiners, geben Sie das Kommando »Drüber!« und geleiten Sie ihn »an der Nase« mit einem Futterköder.

Wichtige Vorbemerkungen

Zusammenarbeit
Das Agility-Training kann anfangs als gefährlich für den Hund erscheinen. Machen Sie ihm klar, dass Sie mit ihm zusammen arbeiten. Beginnen Sie mit einfachen Übungen im Schritttempo. Wenn das Selbstvertrauen wächst, gehen Sie zu komplizierteren Übungen über, und steigern Sie das Tempo.

Halsband und Leine
Verwenden Sie eine kurze, 30 bis 45 cm lange Leine. Sie ist lang genug, dass Sie sie sicher halten können, aber kurz genug, dass sich der Hund nicht in ihr verheddern kann. Befestigen Sie sie an einem einfachen flachen Halsband.

Sicherheit geht vor
Benutzen Sie am Anfang nur niedrige Hindernisse, damit beim ersten Einsatz kein unnötiger Stress entsteht – nicht höher als die halbe Schulterhöhe des Hundes. Zwingen Sie das Tier niemals dazu, ein Hindernis zu bewältigen. Die Aufgabe soll Spaß, nicht Angst machen.

Guter Halt
Meiden Sie schlüpfrige Böden. Sorgen Sie für eine griffige Unterlage, vor allem beim Abspringen und Landen, in Form von Matten oder Teppichen. Schneiden Sie überschüssige Haare zwischen den Sohlenballen ab, und halten Sie die Krallen kurz. Das Anfeuchten der Pfoten sorgt für mehr Griffigkeit.

Pausentisch
Zeigen Sie Ihrem Hund, dass das Aufsuchen des niedrigen »Pausentisches« zum Agility-Training gehört. Geben Sie ihm den Befehl »Platz!« und halten Sie ihn zehn Sekunden lang in dieser Position, dann lassen Sie ihn frei. Dadurch verstärken Sie Ihre Kontrolle über das Tier.

Frauchen am Ende des Tunnels
Während zwei Personen den Tunnel festhalten und den Hund hindurch schicken, warten Sie am anderen Ende und locken ihn, indem Sie ihn rufen und sich ihm zeigen. Wenn Sie das zum ersten Mal üben, sollten Sie das lose Ende des Tunnels aufrollen, damit Ihr Hund Sie sehen kann.

Wissenswertes

Do it yourself
Bambusstäbe, in Abständen von jeweils 60 cm in den Boden gesteckt, eignen sich ideal für das »Weben«. Ein 2,50 m langes Brett, das mit einer Antirutschfarbe gestrichen wird, ergibt einen »Hunde-Laufsteg«. Ein Plastikeimer mit ausgeschnittenem Boden lässt sich zu einem Tunnel umfunktionieren.

Wettbewerb
Wenn Sie und Ihr Hund Freude am Amateur-Agility-Training haben, sollten Sie den Beitritt zu einem Hundesportverein erwägen, der über erfahrene Agility-Trainer und eine perfekte Ausrüstung verfügt.

Koordiniertes Training
Bitten Sie einen Freund, Ihnen beim Training zu helfen. Wenn der Hund beispielsweise lernen soll, über eine Planke zu gehen, können Sie auf der einen Seite und der Helfer auf der anderen aufpassen. So wird ein Fehltritt des Tiers weniger wahrscheinlich.

Kontrolle ist wichtig
Hunde müssen das richtige Springen lernen – ein Hindernis sollen sie nicht einfach so schnell wie möglich überwinden. Es ist unbedingt nötig, dass Sie Ihren Vierbeiner gut unter Kontrolle haben, bevor Sie mit dem Agility-Training beginnen.

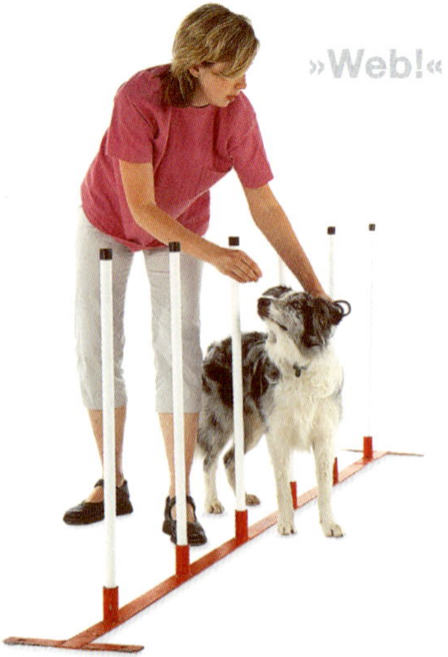

Einüben des »Webens«
Mit einer kurzen Leine in der linken Hand und einer Futterbelohnung in der rechten führen Sie Ihren Hund an der Nase durch die Stangen, wobei Sie Handzeichen und das Kommando »Web!« geben. Damit zeigen Sie ihm, was er tun soll. Blockieren Sie den Zugang zwischen den Stangen mit den Füßen, so dass dem Hund nur ein Durchgang offen steht.

Flinkes Hindurchwinden
Korrekt trainierte Hunde winden sich mit Vergnügen zwischen den Stäben hindurch. Man sollte sich jedoch stets vergewissern, dass die Abstände der Stangen nicht nur der Größe des Hundes, sondern auch seinem Alter und seiner Beweglichkeit angemessen sind.

Nie mit Gewalt

Wenn ein Hund vor einem Hindernis zurückschreckt, sollten Sie ihn hinüber oder hindurch locken, aber niemals ziehen oder zwingen. Lassen Sie ihm Zeit, das nötige Selbstvertrauen aufzubauen, und belohnen Sie immer seine Fortschritte.

Nicht aufs Tempo drücken

Tempo sollte man dem Hund erst dann abverlangen, wenn er Agility-Hürden absolut selbstsicher und zuverlässig überwindet. Die Geschwindigkeit muss vom Trainer kontrolliert werden, damit der Hund die Übungen auf dessen Anweisung hin absolviert.

Die Hand zu Hilfe nehmen

Schieben Sie die rechte Hand unter das Halsband, und benutzen Sie die linke, um die Hinterläufe des Hundes auf dem Balken zu halten. Wenn Sie einen Helfer haben, sollte er die Hinterläufe dirigieren, während Sie das Tier mit einem Leckerbissen nach vorne locken.

»Geh weiter!«

Gang über den Balken

Fassen Sie das Halsband mit der Hand – dadurch wird der Kopf des Hundes nach vorn und oben ausgerichtet und zugleich durch den Leckerbissen vor seiner Nase angelockt. Achten Sie darauf, dass das Tier mitten über den Balken geht.

Training an der Schrägsprungwand

Wenn der Hund das Gehen über den Balken beherrscht, kommt die Schrägsprungwand mit Antirutschbelag zum Einsatz. Mit dem Befehl »Geh weiter!« bewegen Sie den Hund dazu, die leicht geneigte Seite zu besteigen. Bringen Sie ihm bei, den farbigen Teil der Rampe zu betreten, statt einfach abzuspringen. Verkleinern Sie nach und nach den Winkel des Geräts.

Fangspiele

Fangspiele sind für alle Hunde etwas ganz Natürliches, auch wenn manche Individuen sich nicht so viel daraus machen. Doch selbst ein wenig begeisterungsfähiger Vierbeiner wird sich sehr schnell auf eine Serie von einfachen Übungen einlassen, in denen er lernt, aufmerksam zu sein, einen Gegenstand zu halten und dann zu fangen. Vorsicht: Fangspiele sind keine Springspiele. Das Hochspringen bei Fangspielen stellt eine potenzielle Gefahr für die Gelenke, die Bänder und die Schnauze Ihres Hundes dar.

1 Die Grundlage für die Fangübungen Ihres Hundes sind Grundgehorsam und Spaß. Machen Sie den zu fangenden Gegenstand begehrenswert, indem Sie mit ihm spielen und den Hund damit necken. Wecken Sie seine Aufmerksamkeit dadurch, dass Sie ihm das begehrte weiche, leichte Spielzeug zeigen und ihm den Befehl zum Hinsetzen geben.

2 Wenn Sie die Aufmerksamkeit des Hundes geweckt haben, bringen Sie ihm bei, das Spielzeug im Fang zu halten. Rollen Sie es mit beiden Händen behutsam in seine Schnauze. Dabei geben Sie das Kommando »Fang!«. In diesem frühen Stadium lernt der Hund, etwas direkt aus Ihren Händen zu fangen.

Wissenswertes

Fortschritte
Sowie sich die Fähigkeiten Ihres Hundes entwickeln, vergrößern Sie den Abstand zu ihm. Nehmen Sie stets ein weiches, leichtes Spielzeug, das zu groß ist, um verschluckt zu werden. Benutzen Sie nie Gegenstände, die das Gebiss beschädigen oder den Fang verletzen könnten.

Variationen
Sobald der Hund ein bestimmtes Spielzeug geschickt fangen kann, bringen Sie andere Gegenstände ins Spiel. Sie müssen wahrscheinlich wieder von vorn anfangen, um sicher zu gehen, dass Ihr Hund die neuen Gegenstände genauso begehrenswert findet wie die alten.

Lob
Achten Sie darauf, dass Sie Ihren Hund immer mit verführerischer Stimme und Körpersprache belohnen. Hunde sind offensichtlich besonders stolz auf ihre Leistungen, wenn Ihr Herrchen oder Frauchen sie mit überschwänglichen Lobesworten bedenkt.

Beständigkeit
Ihr Vierbeiner kann nur so gut fangen, wie Sie werfen. Üben Sie deshalb das Zielen, bis das Ergebnis konstant bleibt. Es ist in der Regel einfacher, mit einer Unterarm- als mit einer Oberarmbewegung zu werfen. Werfen Sie den Gegenstand nicht unnötig hoch.

3 Wenn der Hund das Spielzeug bereitwillig direkt von Ihnen entgegennimmt und es nicht fallen lässt, üben Sie das echte Fangen aus der kürzest möglichen Distanz von nur wenigen Zentimetern. Um zu verhindern, dass der Hund das Spielzeug fallen lässt, können Sie es für ihn attraktiver machen, indem Sie sich nach jedem gelungenen Fangspiel auf ein kleines Tauziehen einlassen.

Hundewettbewerbe

Wettbewerbe für Hunde umfassen sowohl Schönheitskonkurrenzen als auch Leistungsprüfungen. Auf Zuchtschauen werden Rassehunde nach dem jeweiligen Standard der idealen Körpermerkmale bewertet. Leistungswettbewerbe sind ungeheuer vielfältig und reichen von Jagdgebrauchshundprüfungen und Windhundrennen bis Gehorsams-, Geschicklichkeits- und Arbeitstests. In jeder Disziplin gibt es Abstufungen bis zu Championat.

Jagdhunde

Das gehorsame Wesen und der starke Apportiertrieb der Jagdhundrassen bewähren sich in vielerlei Brauchbarkeitsprüfungen, bei denen es um das Vorstehen, Stöbern, Fährtensuchen usw. geht. Die Ausbildung von Jagdhunden überlässt man am besten einem professionellen Trainer.

Agility

Dank ihrem wendigen Körper und ihrer raschen Auffassungsgabe schneiden die Hütehundrassen in Agility-Prüfungen hervorragend ab. Doch Hunde aller Rassen und auch Mischlinge können bei diesen Prüfungen mitmachen. Auf den Seiten 104–107 wird der Einstieg in das Agility-Training ausführlich beschrieben.

Spielen mit Artgenossen

Die meisten Hunde spielen gern mit Artgenossen, sofern sie schon in früher Jugend Gelegenheit dazu hatten. Hündinnen sind durchweg spielfreudiger als Rüden, die sich territorialer und kampflustiger verhalten. Die ersten Begegnungen zwischen Hunden sollten auf neutralem Boden stattfinden. Lassen Sie nicht zu, dass Ihr Hund an der Leine zerrt, weil ihn das zur Aggression reizt.

Begegnung auf neutralem Boden

Arrangieren Sie ein Zusammentreffen Ihres Hundes mit anderen Hunden, wenn alle Tiere angeleint sind. Lassen Sie die Hunde einander beschnuppern, doch achten Sie auf aggressive Blickkontakte. Beim ersten Anzeichen eines Angriffs drehen Sie den Kopf Ihres Hundes zur Seite, und geben Sie ihm sein Lieblingsspielzeug, um ihn abzulenken.

Das andere Geschlecht

Zum Streit kommt es seltener zwischen verschiedengeschlechtlichen als zwischen gleichgeschlechtlichen Tieren, die ungefähr gleich alt und gleich groß sind. Wenn Ihr Hund mit einem Artgenossen, ob vom gleichen Geschlecht oder nicht, erfolgreich zusammengetroffen ist, sollten sich die beiden durch den Gartenzaun oder vor dem Haus besser kennen lernen.

Vissenswertes

Eigentumskonflikte

'ermeiden Sie Streit um ;nochen oder andere be- ehrte Gegenstände, indem ;ie diese den Hunden über- aupt nicht oder nur in getrennten Zimmern geben. Viele Hunde möchten unbedingt haben, was ein anderer Hund besitzt, selbst wenn sie selbst über genau den gleichen Gegenstand verfügen. Am häufigsten kommt es zum Kampf um Knochen und Kauspielzeug.

Begegnung mit Katzen

Das erste Zusammentreffen sollte unter Aufsicht geschehen. Hindern Sie die Katze am Weglaufen; dadurch wird der Hund daran gehindert, sie zu jagen.

Reaktion auf Befehle

Kontrollieren Sie Ihren Hund mit verbalen und opti- chen Kommandos, wenn er mit anderen Hunden pielt. Sobald Sie gehen wollen, befehlen Sie ihm mit -Iandzeichen und Worten, dass er sich hinsetzen soll. Dann treten Sie auf ihn zu und nehmen ihn an die .eine.

Gleich und gleich

Seien Sie auf der Hut, wenn gleich große Hunde desselben Geschlechts aufeinander treffen. Loben Sie jedoch Ihren Vierbeiner, wenn er den anderen ruhig beschnuppert und inspiziert. Halten Sie Ihren Hund nicht an einer zu straffen Leine (siehe S. 137).

5

Schlechte Angewohnheiten

Kein Hund ist vollkommen. Selbst der sanfteste, folgsamste und gut erzogene Vierbeiner kann schlechte Angewohnheiten annehmen. Ergründen Sie, warum sich Ihr Hund schlecht benimmt, und beseitigen Sie, falls möglich, die Ursache. Vorbeugen ist immer leichter als heilen. Training mit dem Klicker funktioniert gut, erfordert aber Ihrerseits ein ungemein präzises Timing. Ein Hund, der die Wohnung verwüstet, wenn er allein gelassen wird, tut das nicht aus Bosheit oder Rachsucht, sondern weil er sich langweilt, frustriert ist oder unter Trennungsangst leidet. Manche Angewohnheiten, die Sie als unangenehm empfinden, sind Bestandteil des normalen Hundeverhaltens und deswegen schwer zu unterbinden, doch konsequente Umerziehung führt gewöhnlich zum Erfolg. Wenn Ihr Hausgenosse allerdings gravierende Untugenden entwickelt, sollten Sie einen anerkannten professionellen Hundetrainer konsultieren.

Verhalten verstehen

Wenn Sie Ihrem Hund schlechte Manieren abgewöhnen wollen, müssen Sie zunächst verstehen, wie sie entstanden sind. Manche Verhaltensweisen empfinden Sie als inakzeptabel, doch für das Tier sind sie etwas ganz Natürliches. Wenn ein Problem auftaucht, sollten Sie den Grund herausfinden. Fragen Sie sich selbst, ob der Hund einsieht, dass er etwas falsch macht, und prüfen Sie, ob das Verhalten verhindert, umorientiert oder verändert werden kann – entweder durch Sie selbst oder einen Trainer.

Der Hund wirkt zufrieden, nachdem er seiner Knabberlust gefrönt hat

Natürliches Verhalten

Das Benagen von Knochen oder von Spielsachen, die wie Knochen aussehen, gehört zum normalen Hundeverhalten. Das Beknabbern eines Schuhs, dem Menschengeruch anhaftet, ist für den Hund etwas Natürliches, für uns aber nicht akzeptabel. Beugen Sie dadurch vor, dass Sie ihm niemals alte Schuhe zum Bearbeiten geben. Er lernt dann, dass er seine Knabberlust auf erlaubte Gegenstände beschränken muss.

Destruktives Verhalten

Destruktives Verhalten macht dem Hund Spaß, dem Menschen allerdings nicht. Bekommt der Hund zu viele Spielsachen, neigt er dazu, auch andere Gegenstände zu zerstören. Beschränken Sie die Zahl der Spielsachen, die Sie Ihrem Hund geben, auf drei oder vier, die sich von anderen Haushaltsgegenständen unterscheiden.

Problemlösungen

Bitterer Spray

Ein ungiftiger, bitter schmeckender Spray ist in den meisten Tierarztpraxen erhältlich. Um Ihren Hund davon abzuhalten, ungeeignete Gegenstände, die er attraktiv findet, zu beknabbern – etwa Ihre Schuhe –, besprühen Sie diese mit dem Spray.

Einzelhaft

Wenn der Hund das Knabbern nicht lassen kann, gewöhnen Sie ihm an, in seiner Drahtbox zu bleiben, solange er allein in der Wohnung ist (siehe S. 44). Geben Sie ihm stets geeignetes Spielzeug, mit dem er sich in der Box die Zeit vertreiben kann. Eine solche Box finden Sie vielleicht unschön, aber wenn Ihr Hund schon früh mit ihr vertraut gemacht worden ist, betrachtet er sie als seine eigene Spezialhöhle.

Gutes Spielzeug sollte entweder genießbar oder unzerstörbar sein

Der Hund erkennt, dass der erhobene Finger »Nein!« bedeutet

»Nein!«

Knabbern macht Spaß

Knabbern ist für Hunde eine Form der Umwelterkundung. Für viele ist es ein Hochgenuss, wenn sie auf Gegenständen herumkauen, Zeitungen zerfetzen oder gar Tapeten herunter reißen können. Dieser »kreative« Drang verlangt nach einem akzeptablen Ventil, etwa in Form eines Kauknochens.

Bestrafung

Wichtig ist, dass der Hund begreift, welches Verhalten Sie unerträglich finden. Sie sollten ihn nur dann bestrafen, wenn er sich tatsächlich daneben benimmt. Tadeln Sie ihn mit strenger Stimme. Bestrafen Sie ihn, sobald er sich falsch verhält, denn später wird er nicht mehr begreifen, warum Sie ihm böse waren.

Klicker-Training

Die Trainingsmethoden mit dem Klicker (siehe S. 34–45) unterscheiden sich von der traditionellen Hundeerziehung, auch wenn Futterbelohnungen in beiden Fällen verwendet weden. Weil der Klicker nur erwünschtes Verhalten verstärkt, kann man mit ihm schlechte Angewohnheiten wirksam modifizieren. Wenn Sie klicken, zeigen Sie dem Hund an, dass er sich korrekt verhält. Er bekommt dann einen Leckerbissen und erkennt, warum er belohnt worden ist.

1 Platzieren Sie eine Matte dort, wo der Hund hin soll, und legen Sie einen Leckerbissen als Köder darauf. Wenn er sich dort hin begibt und den Happen findet, klicken Sie, weil er dort angekommen ist. Legen Sie einen zweiten Leckerbissen auf die Matte, aber sagen Sie nichts. Geben Sie keine Befehle. Wiederholen Sie dies etwa zehn Mal, bis der Hund von sich aus zur Matte geht.

2 Sobald der Hund von sich aus zur Matte geht, benutzen Sie das Schlüsselwort »Matte!« ohne eine Futterbelohnung. Werfen Sie nach dem Klicken den Happen in die Nähe der Matte. Der Hund lernt, dass das Klicken korrektes Verhalten signalisiert und dass der Leckerbissen die Belohnung für richtiges »Denken« und Reagieren ist. Wenn Sie klicken, müssen Sie ihn auch belohnen

Wissenswertes

Richtiges Klicken

Benutzen Sie nie den Klicker, um die Aufmerksamkeit des Hundes zu erregen. Er dient nur dazu, das Verhalten am Ende einer Übung zu belohnen, doch nie zwischendurch.

Auf den Klick folgt Lohn

Der Klicker ist nur dann effektiv, wenn Ihr Hund weiß, dass ein Leckerbissen kommt. Auch wenn Sie einmal irrtümlich klicken, müssen Sie Ihren Vierbeiner belohnen.

Schnelles Lernen

Bleiben Sie geduldig und ruhig. Lassen Sie Ihren Hund überlegen, was Sie von ihm wollen, nachdem Sie es ihm zu Beginn gezeigt haben. Das Tier wird Fehler machen, doch schnell lernen, welches Verhalten mit einem Klick und einem Leckerbissen belohnt wird.

Auf Kalorien achten

Am besten trainiert man dann, wenn der Hund Hunger hat. Verwenden Sie abgestufte Futterbelohnungen, und heben Sie die wirksamste für die schnellste Reaktion auf. Stimmen Sie die täglichen Mahlzeiten auf diese zusätzliche Kalorienzufuhr ab.

3 Wenn der Hund zur Matte geht, bringen Sie ihm bei, sich dort hinzulegen. Mit einem Happen und dem Kommando »Platz!« bewegen Sie ihn dazu, sich auf die Matte zu legen. Klicken und belohnen! Wiederholen Sie das mehrere Male. Warten Sie dann, bis der Hund zur Matte geht und sich ohne den Befehl »Platz!« hinlegt. Klicken und belohnen!

4 Nach etwa zehn Wiederholungen sollte sich der Hund ohne das Kommando »Platz!« hinlegen. Klicken Sie, wenn das geschieht, doch nicht vorher, und werfen Sie den Leckerbissen neben die Matte. Legt sich der Hund nicht hin, sagen Sie »Falsch!«, wenden ihm den Rücken zu und probieren es nochmals. Der Empfang des Leckerbissens beschließt die Lektion.

Verhalten unterbrechen

Hunde konzentrieren sich jeweils nur auf eine Sache. Ich mache mir das dadurch zunutze, dass ich dem Tier einen Leckerbissen gebe, wenn ich ihm eine Spritze verpasse. Der Leckerbissen unterbricht den Hund bei dem Gedanken daran, dass er sich dort befindet, wo er nicht sein möchte. »Verhaltensunterbrecher« lenken den Geist von dem, was Sie nicht wollen, zu dem hin, was Sie möchten. Setzen Sie sie also als Ablenkungsmittel und nicht als Waffe ein um die Energie des Hundes zu konzentrieren und zu kanalisieren.

Die Plastikflasche wird zur Hamburger-Schachtel hin geworfen

1 Hunde reagieren intuitiv auf Geräusche und Bewegungen. Eine Plastikflasche mit Steinen darin eignet sich hervorragend zur Ablenkung von einer unerwünschten Situation. Führen Sie die Flasche mit und werfen Sie sie, wenn Ihr Hund etwas Verlockendes ins Auge gefasst hat. Im Handel erhältliche Trainingsscheiben machen ein ungewöhnliches Geräusch und funktionieren gut.

2 Wenn der Hund durch das Geräusch der Flasch abgelenkt wird, wird auch das unerwünschte Verhalten unterbrochen. Geben Sie, sobald der »Verhaltensunterbrecher« landet, den Befehl »Komm!«, um den Hund zurückzurufen, und be lohnen Sie ihn mit Futter, Streicheln und guten Worten. Schon bald wird allein das Geräusch de Flasche unerwünschtes Verhalten stoppen.

Problemlösungen

Anonyme Bestrafung

Der Hund darf den Aufprall der Flasche oder den Wasserstrahl nicht mit Ihnen in Verbindung bringen. Stecken Sie die Wasserpistole sofort nach Gebrauch ein. Die Bestrafung durch die »Umgebung« verliert ihre Wirkung, wenn der Hund sieht, dass Sie die Zurechtweisung durchführen.

Beißstock

Ein Hund benutzt sein Maul, so wie wir unsere Hände benutzen, um Gegenstände zu untersuchen oder etwas abzuwehren. Falls Ihr Hund sich mit der Schnauze wehrt, wenn er gebürstet oder aufgehoben wird, verwenden Sie einen »Beißstock« – ein Stück Gummischlauch mit einem Holzpflock darin – als ein zuverlässiges und wirksames Mittel zur Kanalisierung dieser natürlichen Aktivität. Der Beißstock unterbricht das unerwünschte Verhalten und lenkt es in eine Richtung, die Sie und nicht der Hund bestimmen. Der Hund lernt, dass er mit Beißen das, was Sie gerade tun, nicht abstellen kann.

Die Wasserpistole wird hinter dem Kopf des Hundes abgeschossen

Ein alternatives Abschreckmittel

Ein »Verhaltensunterbrecher« sollte Eindruck machen, ohne den Hund zu verletzen. Ebenso wichtig ist, dass der Hund Sie nicht mit der Zurechtweisung in Verbindung bringt. Wasserpistolen sind zuverlässig, harmlos und effektiv (vor allem, wenn der Strahl hinter den Ohren auftrifft), geeignet für alle Vierbeiner außer den wasserfreudigsten. Auch eine mit Wasser gefüllte ausgepresste Zitrone funktioniert gut. Benutzen Sie sie leise, ohne irgendwelche Befehle. Sobald das Verhalten unterbrochen ist, rufen Sie den Hund zurück, und belohnen Sie seinen Gehorsam.

Charakterbeurteilung

Es ist traurig, aber wahr, dass Hundeasyle eine hohe Rückgabequote haben, weil viele Leute bei der Auswahl eines Hundes mehr auf sein Aussehen als auf seinen Charakter achten. Tierheimhunde sind besonders anfällig für trennungsbedingte Probleme. Wenn Sie einen Hund erwerben, der älter als sechs Monate ist, können Sie ihn mit ein paar Übungen auf etwaige Verhaltensstörungen hin testen. Nehmen Sie einen Problemhund nur dann zu sich, wenn Sie genügend Zeit und Geduld aufbringen können, um mit den Problemen fertig zu werden.

Nervosität und Handscheu
Während der Tierheimangestellte den Hund an der lockeren Leine hält, gehen Sie ruhig auf ihn zu, und halten Sie Blickkontakt. Ein nervöses Tier bellt oder duckt sich vielleicht. Versuchen Sie, es unter dem Kinn und auf dem Rücken zu streicheln. Reden Sie dabei leise mit ihm. Ein handscheuer Hund wird auszuweichen versuchen.

Angst vor Fremden
Während Sie den Hund mit der lockeren Leine unter Kontrolle halten, lassen Sie ihn von einer fremden Person inspizieren. Dabei kommen etwaige Probleme zum Vorschein, die sich beim Tierarztbesuch oder im Hundesalon ergeben könnten.

Wissenswertes

Angst vor Kindern

Bringen Sie den locker angeleinten Hund mit einem Kind zusammen. Das Kind sollte den direkten Blickkontakt mit dem Tier meiden. Die Reaktion des Hundes lässt erkennen, ob er bei Kindern nervös wird.

Reaktion auf Autos

Falls Sie den Hund auf Autofahrten mitnehmen wollen, sollten Sie seine Reaktion testen, indem Sie eine fünfminütige Fahrt mit ihm unternehmen und ihn fünf Minuten lang im Wagen allein lassen.

Reaktion auf Katzen

Wenn Sie eine Katze haben, bringen Sie den Hund sehr behutsam mit ihr zusammen. Vorsichtshalber können Sie die Katze in einen Katzenkorb oder eine Box stecken. Hoffen Sie darauf, dass sich der Hund nur neugierig gibt; eine Raubtierreaktion könnte jedoch auf ernsthafte Schwierigkeiten hindeuten.

Sonstige Probleme

Manche Hunde erschrecken bei lauten Geräuschen, andere bei einem unerwarteten Anblick, etwa beim Aufklappen eines Regenschirms. Lassen Sie sich etwas einfallen, und testen Sie den Hund in alltäglichen Situationen.

Gehorsamsbereitschaft

Nehmen Sie die Leine in die Hand, und geben Sie dem Hund den Befehl »Sitz!«. Seine Reaktion zeigt Ihnen, ob er bereits ein Gehorsamkeitstraining hinter sich hat. Gehorcht er nicht, bringen Sie ihn in eine Sitzposition, um sein Trainingspotenzial zu prüfen.

Besitzgier

Während Sie den Hund an der Leine halten, nehmen Sie seinen Futternapf weg. Loben Sie ihn, und stellen Sie dann das Futter wieder hin. Wenn er keine Aggression zeigt, wird er sich wahrscheinlich beim Fressen nicht besonders habgierig gebärden.

Aggressivität

Stellen Sie den Hund mit Hilfe des Angestellten einem selbstbewussten Hund desselben Geschlechts vor. Wenn der Auserwählte lediglich neugierig schnüffelt, dürfte es keine Probleme mit Aggressionen gegen Artgenossen geben.

Zerren an der Leine

Das Zerren an der Leine ist das häufigste Problem, mit dem es der Hundehalter zu tun bekommt. Es kann seine Ursache in Langeweile oder Aufregung haben, aber auch ein Ausdruck des Dominanzverhaltens sein. Statt immer wieder an der Leine zu ziehen, sollten Sie mit dem Hund nochmals den Grundgehorsam (siehe S. 50–55) und das Bei-Fuß-Gehen (siehe S. 88) trainieren und die hier gezeigten Gegenmaßnahmen anwenden.

Das Problem

Die Gegenmaßnahme

Der Hund zerrt an der Leine
Bisweilen löst die Leine selbst den Zerrtrieb aus. Deshalb ist es wichtig, die Leine nicht als Machtinstrument zu benutzen. Versuchen Sie herauszufinden, warum der Hund an der Leine zerrt, bevor Sie sein Fehlverhalten korrigieren.

1 Gehen Sie los, den Hund an Ihrer linken Seite, und halten Sie die Leine mit beiden Händen. Sc bald er zu zerren beginnt, bleiben Sie stehen, las sen die linke Hand an der Leine nach unten glei ten, und ziehen sie zurück, bis der Hund wieder die korrekte Bei-Fuß-Position einnimmt. Verme den Sie jedoch wiederholtes Ziehen an der Lein tun Sie es nur einmal, sanft, aber entschieden.

Problemlösungen

Kein Spiel

Viele Hunde halten das Gehen an der Leine für eine ideale Gelegenheit, mit allen Mitteln die Aufmerksamkeit ihres Herrchens oder Frauchens zu erlangen. Lassen Sie das nicht zu. Vielmehr sollten Sie versuchen, den Hund abzulenken oder ihm die erhoffte Belohnung zu verweigern. Was Sie auch tun, wenn Ihr Vierbeiner Ihre Aufmerksamkeit sucht, verlieren Sie nie die Geduld, denn dann würden Sie das Spiel des Hundes mitmachen. Bei dieser Übung geht es ums Gehen, nicht ums Spielen.

Geschirrwechsel

Wenn Ihr Hund über sehr viel Kraft und Gewicht verfügt, dann könnte ein Wechsel vom Halsband zum Kopfgeschirr (siehe S. 69) es Ihnen erleichtern, die Bewegungen des Tiers zu kontrollieren.

GRUNDAUSBILDUNG

Gehen an der Leine	S. 58
»Sitz!« und »Bleib!«	S. 72
Gehen bei Fuß	S. 88

»Sitz!«

Die Hand zieht einmal nach hinten, sanft, aber entschieden

Der Hund erhält eine Futterbelohnung

2 Befindet sich der Hund in der korrekten Bei-Fuß-Position, geben Sie ihm den Befehl »Sitz!«. Warten Sie, bis er sitzt, und gehen Sie mit dem Kommando »Fuß!« nochmals los. Wiederholen Sie die Prozedur jedesmal, wenn der Hund nach vorne drängt.

3 Sobald der Hund ruhig und gehorsam bei Fuß geht, ohne an der Leine zu zerren, belohnen Sie ihn mit einem Leckerbissen. Wenn ihm die Übung Spaß zu machen beginnt, sollten Sie die Gehstrecke nach und nach verlängern, bevor Sie ihm die Futterbelohnung geben.

Problemlösungen

Stopp
Bleiben Sie stehen, sobald die Schulter des Hundes Ihr Bein passiert, gleichgültig ob er die Leine spannt oder nicht. Ermuntern Sie ihn ruhig, wieder die richtige Bei-Fuß-Position einzunehmen. Er wird sehr bald begreifen, dass er für das Vorwärtsdrängen keine Belohnung erhält und dass die einzige Möglichkeit, den Leckerbissen und die Lobesworte zu erlangen, darin besteht, folgsam neben Ihnen her zu gehen, ohne an der Leine zu ziehen.

Keine lange Leine
Solange Ihr Hund das Bei-Fuß-Gehen trainiert, sollten Sie ihm das Vorrecht einer Roll-Automatik-Leine versagen. Die Verwendung dieser Leinen ist eine Hauptursache für das unerwünschte Zerren, denn die Tiere lernen schnell, dass sie durch Zerren mehr Freiheit gewinnen.

Kein Jo-Jo
Wenn der Hund zerrt, strecken die meisten Besitzer automatisch ihre Arme nach vorn, so dass er meint, durch Zerren mehr Leine zu bekommen. Vermeiden Sie dieses Jo-Jo-Spiel: Halten Sie die Arme vielmehr eng am Körper, und bleiben Sie stehen, sobald der Hund zerrt.

Gegenmaßnahmen

Die Leine wird kurz gefasst

Abwenden
Wenn der Hund zerrt, setzen Sie ein Überraschungselement ein – wenden Sie sich unverhofft in die entgegengesetzte Richtung. Die kurze Leine sorgt dafür, dass der Hund die Richtungsänderung mitmacht. Vergessen Sie nicht, ihn zu loben, wenn er Ihnen folgt.

Handzeichen
Jedes Mal, wenn der Hund nach vorne drängt, geben Sie mit strenger Stimme den Befehl »Wart!«. Verstärken Sie diesen Befehl, indem Sie Ihre rechte Hand dem Hund vor die Nase halten, während Sie mit der linken die Leine fest packen. Lösen Sie die Spannung, bevor Sie weitergehen.

Rückwärts gehen

Wenn der Hund anfängt zu zerren, bleiben Sie stehen und gehen rückwärts, um ihn so von der eingeschlagenen Richtung abzubringen. Sagen Sie nichts, bis er Blickkontakt mit Ihnen aufnimmt und entweder an Ihre Seite kommt oder ihnen folgt. Wenn das geschieht, belohnen Sie ihn mit einem Leckerbissen oder Lob, und setzen Sie den Weg nach vorne fort.

Erwünschte Nähe

Sorgen Sie dafür, dass es Ihrem Hund gefällt, an Ihrer Seite zu sein. Wenn Sie eine Futterbelohnung oder ein Lieblingsspielzeug einstecken, um es ihm zu reichen, sobald er bei Ihnen ist und nicht an der Leine zieht, dann möchte er dort immer gerne sein.

Keine Bedrohung

Vermeiden Sie es, dass Ihr Hund Ihren Körper als Bedrohung empfindet. Halten Sie die Hände eng am Körper und legen Sie die Ellbogen an. Beugen Sie sich nicht über den Hund, damit er sich nicht bedroht fühlen kann. Wir wollen doch, dass Ihr Hund auf Sie zukommt und nicht Sie auf ihn.

Der Leckerbissen hält die Aufmerksamkeit des Hundes wach

Kein Handwiderstand

Schlingen Sie sich die am Halsband befestigte Leine um die Hüfte. Halten Sie sie locker, und bringen Sie den Hund in die Bei-Fuß-Stellung, indem Sie einen Leckerbissen, ein Spielzeug oder ein Befehlswort als Ermunterung benutzen.

Leine als Geschirr

Um die Bewegungen des Hundes besser kontrollieren zu können, verwenden Sie die Leine wie ein Geschirr, indem Sie sie um seine Brust schlingen. Dadurch verringert sich auch der Druck auf seinen Nacken, wenn Sie das Tier wieder in die Bei-Fuß-Stellung bringen (siehe S. 88).

Rückkehrverweigerung

Finden Sie heraus, warum Ihr Hund nicht zu Ihnen kommen will, bevor Sie die entsprechende Lektion (siehe S. 74) wiederholen. Vielleicht hat er noch keine rechte Bindung zu Ihnen hergestellt; vielleicht hat er ein Aas entdeckt, oder er wird durch einen Geschlechtspartner verführt; vielleicht hat er zu viel Energie oder Lust zu spielen. Er kann aber auch seine Dominanz demonstrieren oder Angst vor Ihnen oder vor der Leine haben. Rufen Sie Ihren Vierbeiner nie zu etwas herbei, das er als unangenehm empfindet, zum Beispiel ein Bad.

Der Duft wird unter die Hundenase gesprüht

»Ben, komm!«

Der Hund ignoriert Frauchens Ruf

Riechblockade

Ist Ihr Hund ein zwanghafter Schnüffler, sprühen Sie ihm etwas Parfüm unter die Nase. Dadurch wird sein Geruchssinn vorübergehend beeinträchtigt, so dass er sich nicht so leicht ablenken lässt. Aasfressen und Stehlen kann man entweder mit einer langen Leine oder mit einem Maulkorb unterbinden.

Ungehorsam

Hunde lassen sich gern durch eine aufregende Betätigung vorübergehend ablenken. Suchen Sie unterschiedl che Spielplätze mit ihm auf, denn Hunde können an einem Platz gehorsam sein, an einem anderen aber nicht. Erregen Sie die Aufmerksamkeit Ihres Vierbeiners, inder Sie begeistert seinen Namen rufen und dann den Befeh »Komm!« geben. Belohnen Sie ihn, wenn er folgt.

Zusätzliche Vorbeugemaßnehmen

Sparsame Befehle
Geben Sie das Kommando »Komm!« nur dann, wenn Sie es auch durchsetzen können. Nachdem der Hund das Zurückkommen in der Wohnung gründlich geübt hat, machen Sie draußen weiter. Verwenden Sie anfangs eine lange Leine oder eine Roll-Automatik-Leine.

Belohnung
Geben Sie sich begeistert, wenn Sie Ihren Hund rufen, und loben Sie ihn ausgiebig, wenn er gehorcht. Variieren Sie das Ende der Lektion, indem Sie ihm hin und wieder befehlen, sich hinzusetzen, dann zu ihm hingehen und ihn anleinen. Geben Sie ihm eine Belohnung, bevor Sie mit ihm heimgehen.

Leinenscheu
Sie dürfen die Leine niemals zur Bestrafung des Hundes benutzen. Packen Sie den Hund nicht am Halsband, denn er könnte glauben, Sie wollten spielen, und ihrem Griff auszuweichen versuchen. Das Ergreifen des Halsbands kann überdies Hunde handscheu machen.

GRUNDAUSBILDUNG

Herbeikommen	S. 50
Herbeikommen draußen	S. 52
»Sitz!« und »Bleib!«	S. 72

Sexuelle Verlockung
Selbst wenn der Hund Ihren Rückkehrbefehl versteht, kann er ihn verweigern, weil eine sexuelle Verlockung stärker ist. Kastrierte Tiere sind an Sex weniger interessiert als unkastrierte und kommen eher zurück, wenn sie gerufen werden.

Belohnter Gehorsam
Verstärken Sie den Rückkehrbefehl dadurch, dass Sie den Hund am Halsband festhalten und ihm einen Leckerbissen reichen. Falls erforderlich, locken Sie ihn mit einer Futterbelohnung oder einem geliebten Spielzeug zu Ihnen zurück.

Spielstunde
Gönnen Sie Ihrem Hund das Vergnügen, mit Artgenossen zu spielen, doch beachten Sie dabei immer sein Verhalten. Befehlen Sie »Komm!«, wenn das Spiel in eine Rauferei auszuarten droht.

Hetzjagd auf Fahrzeuge

Der Hetztrieb gehört zum normalen Hundeverhalten, auch wenn er je nach Rasse und Individuum unterschiedlich stark ausgeprägt ist. Ausgelöst wird er durch Bewegung und noch verstärkt, wenn andere Hunde mitmachen. Man kann das Hetzverhalten zwar kontrollieren, aber niemals völlig unterbinden. Sie sollten Ihrem Hund nicht gestatten, seiner Hetzlust zu frönen, denn sie wird sonst zu einem Problem und kann für ihn lebensgefährlich werden.

Das Problem

Verfolgungsjagd

Der Anblick eines Radfahrers oder schnell fahrenden Autos reizt viele Hunde zum Nachhetzen. Da nur wenige Radler oder Autofahrer anhalten, empfindet der Hund die Verfolgungsjagd als Erfolgserlebnis.

Die Gegenmaßnahme

Eine nasse Überraschung

Bitten Sie einen Freund, an Ihrem Hund vorbeizuradeln. Wenn der Hund die Verfolgung aufnimmt, sollte der Radler unverhofft anhalten, das Tier mit einer Wasserpistole anspritzen und »Pfui!« oder »Nein!« rufen.

Rassebedingte Unterschiede

Große Ausdauer
Nordische Rassen wie etwa Huskys und andere Spitze sind langsamer als die Windhunde, haben aber sehr viel Ausdauer und können deshalb eine Verfolgungsjagd über lange Strecken durchhalten.

Langsam, aber sicher
Spürhunde wie der Bluthund und Jagdhunde, etwa die verschiedenen Pointer-, Setter- und Retrieverrassen, neigen weniger zum Hetzen als andere Rassen.

Auf Schnelligkeit gezüchtet
Windhunde sind sehr schnell. Sie sind zudem geborene Verfolgungsjäger, wie auch die Hütehundrassen. Auch Terrier neigen von Natur aus zum Hetzen, doch da sie vielfach kurzbeinig sind, können sie nicht sehr schnell laufen.

GRUNDAUSBILDUNG

Herbeikommen draußen S. 52

»Sitz!« und »Bleib!« S. 72

»Komm!« und »Sitz!« S. 74

Abgewöhnung

1 Bei dieser Übung brauchen Sie die Mithilfe eines radfahrenden Freundes. Sobald dieser langsam vorbeifährt, geben Sie dem Hund den Befehl »Sitz!«, während Sie eine Futterbelohnung in der Hand halten. Sorgen Sie mit einer Leine dafür, dass der Hund während der Übung unter Kontrolle bleibt; er darf nicht die Gelegenheit zu einer erfolgreichen Hetzjagd bekommen.

2 Geben Sie dem Hund die Belohnung, wenn er sich auf Kommando hinsetzt, sobald der Radler vorbeifährt. Wiederholen Sie die Übung so lange, bis das Tier das Kommando zuverlässig befolgt, ohne zu einer Verfolgungsjagd anzusetzen, selbst wenn der Radfahrer das Tempo erhöht. Abschließend wird es mit seinem Lieblingsspielzeug belohnt.

Hetzjagd auf Tiere

Jahrtausende lang haben die Hunde überlebt, indem sie andere Tiere jagten und töteten. Durch die gezielte Zuchtwahl hat der Mensch dieses Instinktverhalten abgeschwächt, doch er ist in manchen Rassen und Individuen weitgehend erhalten geblieben. Das ist ein ernstes Problem, vor allem für Viehhalter. Wenn Sie sich nicht zutrauen, das Problem zu lösen, sollten Sie sich an einen erfahrenen Hundeausbilder wenden.

Das Problem

Der Hund beäugt das Schaf intensiv

Jagd auf Haustiere

Falls der Hund nicht früh mit anderen Tieren sozialisiert worden ist, müssen Sie mit Schwierigkeiten rechnen, wenn er mit potenziellen Beutetieren zusammentrifft. Dieser Hund starrt angespannt ein Schaf an, aber er ist angeleint und somit unter Kontrolle. Lassen Sie Ihren Hund in ländlichen Gefilden nie von der Leine, sofern Sie nicht aus Erfahrung wissen, dass er andere Tiere nicht instinktiv hetzt. Die gleiche Vorsichtsmaßnahme sollten Sie ergreifen, wenn er zum ersten Mal einem artfremden Tier begegnet.

Problemlösungen

Rivalität
Ein alteingesessenes Tier lehnt einen Neuzugang oft ab und betrachtet ihn als Rivalen, der ihm das Futter und Ihre Zuwendung streitig machen könnte. Verringern Sie dieses Risiko, indem Sie beide Tiere gleichzeitig beiderseits einer geschlossenen Tür oder den Hund auf dem Boden und die Katze an einem erhöhten Platz füttern. Belohnen Sie den Hund mit Lob und Streicheleinheiten, wenn er sich der Katze gegenüber neugierig, aber freundlich verhält. Gibt er sich nicht raublüstern oder dominant, wird die Katze am Ende die Oberhand behalten.

Wildtiere
Für den einen sind sie Kroppzeug, für den anderen reizende Mitgeschöpfe. Informieren Sie sich über die gängigen Garten- und Parktiere, etwa die Eichhörnchen. So viel Schaden sie auch anrichten mögen, sie dürfen niemals zum beliebten Jagdwild Ihres Hundes werden.

Jagdtrieb
Jeder Hund hat einen Jagdtrieb, und für die meisten Hunde ist die erfolgreiche Jagd auf andere Tierarten ein echter Lustgewinn. So etwas darf man jedoch keineswegs fördern, denn es ist häufig gefährlich und illegal.

Die Gegenmaßnahme

An der langen Leine hat man den Hund unter Kontrolle

1 Das Ziel dieser Lektion ist, den Jagdinstinkt des Hundes in geordnete Bahnen zu lenken. Experimentieren Sie mit verschiedenartigen Spielsachen, um herauszufinden, welches für ihn am aufregendsten ist. Necken Sie ihn nachhaltig mit diesem Gegenstand.

2 Nehmen Sie den Hund in einer ruhigen Gegend an die lange Leine, und werfen Sie das Spielzeug, aber legen Sie ein anderes faszinierendes Spielzeug neben sich auf den Boden. Der Hund wird spontan dem weggeworfenen Spielzeug nachjagen.

Problemlösungen

Verbotene Jagd
Wenn Ihr Hund Schafe oder andere Nutztiere jagt, brauchen Sie vielleicht professionelle Hilfe, um dieses Fehlverhalten abzustellen. Die Jagd auf Schafe ist verboten, und Sie sind ziemlich machtlos, wenn der Bauer Ihren Vierbeiner tötet.

Lange Leine
Wenn Ihr Hund Tiere jagt, nehmen Sie ihn an eine lange Leine, damit Sie ihn unter Kontrolle haben und von der Beute fern halten können. Seien Sie vorsichtig, bevor Sie Ihren Vierbeiner frei in der Gegend herumlaufen lassen. Erfolgreiches Jagen verstärkt seinen natürlichen Jagdtrieb.

Panik
Wildtiere, die gejagt werden, etwa Hirsche, sterben vielfach wohl eher aus Todesangst als durch Hundebisse. Was für Ihren Hund vielleicht ein herrliches Jagderlebnis ist, kann für ein Reh oder einen Hirsch zu einem tödlichen Wettrennen werden.

Gefahren
Der Hund, der hinter einem anderen Tier her jagt, achtet nicht auf Straßen, die seinen Weg queren. Sobald das Adrenalin ausgeschüttet wird, hören die meisten Hunde nicht mehr die Rufe ihres Besitzers und bringen sich dadurch oft in Gefahr.

3 Bevor der Hund das Spielzeug erreicht, rufen Sie seinen Namen und befehlen ihm, zu Ihnen zu kommen (siehe S. 74). Rufen Sie ihn dramatisch zu sich, und wedeln Sie mit dem zweiten Spielzeug, um ihn herbeizulocken. Spielen Sie dann mit ihm, und loben Sie ihn.

4 Gehen Sie zu dem weggeworfenen Spielzeug hin, und heben Sie es auf, wobei Sie den Hund an der Leine zurückhalten. Dadurch lernt er, dass die Gegenstände, denen er nachjagt, Ihnen gehören. Wiederholen Sie die Übungen 2 bis 4 in einer weniger ruhigen Umgebung.

Gute Freunde

Hunde und Katzen vertragen sich gut miteinander, wenn sie in früher Jugend zusammengeführt werden. Nach Möglichkeit sollten Sie die beiden Arten miteinander vertraut machen, wenn der Hund unter 12 und die Katze unter 7 Wochen alt sind. Ist eines der beiden Tiere älter, geben Sie dem bereits vorhandenen die Möglichkeit, den Neuankömmling ausgiebig zu beschnuppern. Die ersten Begegnungen sollten unter Aufsicht stattfinden, und der Hund muss daran gehindert werden, die Katze zu jagen.

5 Sobald der Hund begriffen hat, dass er einen Gegenstand Ihrer Wahl nicht verfolgen darf, führen Sie eine echte Apportierübung in Gegenwart eines Haustiers durch. Werfen Sie das Spielzeug in die Gegenrichtung des anderen Tiers, und fordern Sie den Hund auf, es zu holen. Sehr bald werden Sie den Hetztrieb durch aufregende Apportierspiele steuern können.

Aggression gegen Hunde

Dominanzbestimmte Aggressionen richten sich am häufigsten gegen gleichgeschlechtliche Artgenossen. Das Problem betrifft vorzugsweise Rüden und tritt am ehesten auf, wenn sich der Hund auf seinem eigenen Territorium befindet. Manche Hunde sind einfach »asozial«, doch häufiger ist das Problem durch Geschlechtshormone bedingt. Die Kastration im Jugendalter schwächt dieses Verhalten bei den meisten Rüden ab.

Anzeichen von Aggressivität

Wildes Gebell ist ei Vorspiel zum Angrif

Blickkontakt

Sie sollten sofort einschreiten, wenn Ihr Hund Blickkontakt mit einem potenziellen Widersacher aufnimmt. Eine aufgerichtete Rute und gespannte Konzentration deuten darauf hin, dass ein Kampf bevorsteht.

Eine heftige Herausforderung

Dominant-aggressive Hunde meinen es ernst. Meist geht dem Angriff ein aggressives Imponiergehabe und Knurren voraus. Falls nicht einer der beiden Hunde zurückweicht, kommt es zum Kampf. In einem solchen Kampf beißt der Hund womöglich jeden, der sich einmischt – sogar seinen Besitzer.

Vorbeugung

Problemvermeidung

Gewöhnen Sie Ihren Hund an das Tragen eines Maulkorbs (siehe S. 32 und 70). Der Maulkorb hindert das Tier am Beißen und dämpft sein Dominanzverhalten. Sehen Sie das Tragen eines Maulkorbs positiv – es beweist, dass Sie ein verantwortungsbewusster Hundehalter sind. Schauen Sie sich um, wenn Sie im Park sind: Der zuverlässigste Hund ist der, der einen Maulkorb trägt!

Professionelle Hilfe

Aggressivität gegen andere Hunde kann manchmal auf eine fehlende frühe und beständige Sozialisation mit Artgenossen zurückzuführen sein. Das ist ein schwieriges Problem, bei dem Sie vielleicht die Hilfe eines Experten benötigen.

GRUNDAUSBILDUNG

Gehen an der Leine	S. 58
»Sitz!« und »Bleib!«	S. 72
Beruhigung	S. 80

Zwischen Hundehalter und fremdem Hund

Manche Hunde verteidigen aggressiv ihren Besitzer. Wenn Ihr Hund zwischen Ihnen und dem anderen Hund steht und Sie an seiner Leine zerren, steigert sich dadurch noch seine Aggressionsbereitschaft. Schließlich verbindet er den Leinenzug mit Aggression, wohingegen er ohne Leine keine Angriffslust zeigt.

Das »Straffe-Leine-Syndrom«

Wenn Sie instinktiv versuchen, den Hund bei einer drohenden Attacke an der kurzen Leine zurückzuhalten, verschärfen Sie dadurch oft die Situation. Das Zurückzerren des Hundes steigert nur seine Aggressivität. Sie sollten vielmehr den Kopf des Tiers zur Seite drehen, damit er keinen Blickkontakt mit dem anderen Hund aufnehmen kann.

Wissenswertes

Kastration des Rüden

Während die Kastration der Hündinnen als eine vernünftige Methode zur Verhinderung unerwünschter Trächtigkeiten und Verhaltensweisen gilt, haben manche Leute Einwände gegen die männliche Kastration – einen weitaus harmloseren Eingriff. Chirurgisch gesehen, ist die Kastration eine leichte Operation.

Gegenmaßnahmen

Der Hund konzentriert sich auf die potenzielle Belohnung

Ablenkungsmanöver

Wenn Sie eine mögliche Aggression vorausahnen, sollten Sie die Aufmerksamkeit Ihres Hundes auf sein Lieblingsspielzeug lenken und dann den Befehl »Sitz!« geben. Belohnen Sie stets sein braves Benehmen.

Rückkehrtraining

Absolvieren Sie, zunächst in einer ruhigen Umgebung, ein Rückkehrtraining mit Ihrem Hund (siehe S. 74). Bringen Sie ihm an einer langen oder Roll-Automatik-Leine nochmals bei, auf Befehl zu Ihnen zu kommen, um sich ein Lieblingsspielzeug zu holen.

Andere Probleme

Hunde, die einander ebenbürtig sind, kämpfen eher miteinander als Tiere, die sich in Größe, Alter und Geschlecht unterscheiden. Einige Rassen wie etwa der Dobermann neigen häufiger als andere zu Streitereien unter Gleichen.

Mütterliche Aggressivität

Weibliche Hormone können die mütterliche Aggressivität steigern. Während des zweimal im Jahr auftretenden Hormonschubs werden einige Tiere besitzgierig und reizbar. Die Kastration mildert diese Form – jedoch nicht alle Formen – der weiblichen Aggressivität.

Aggressivität aus Angst

Viele Fälle einer offensichtlichen Aggressivität sind tatsächlich Beispiele eines defensiven und nicht aggressiven Verhaltens. Der Hund möchte, dass der andere Hund weggeht, ohne dass es zum Kampf kommt. Diese Verhaltensweise trifft man in der Regel bei Hunden an, die nicht ausreichend sozialisiert worden sind oder die schlechte Erfahrungen gemacht haben. Mit Hilfe eines Fachmanns können Sie einen solchen Hund so sozialisieren, dass er mit Artgenossen umzugehen lernt, ohne aggressiv zu werden.

2

Lebensechte Situation

Wenn Sie dem Hund an einem ruhigen Platz das Zurückkommen nochmals beigebracht haben, wiederholen Sie die Übung in freiem Gelände, wo sich ein anderer Hund in einiger Entfernung aufhält. Belohnen Sie Ihren Schützling, wenn er nicht aggressiv wird. Jeden Tag verkürzen Sie den Abstand zwischen den Tieren.

Hund gegen Mensch

Die meisten Hunde geben sich damit zufrieden, dass sie als untergeordnete Rudelmitglieder behandelt werden, und folgen allen Befehlen, die ihnen die Mitglieder ihrer Menschenfamilie erteilen. Manchen Hunden bringen ihre Besitzer jedoch unabsichtlich bei, dass sie die eigentlichen Rudelchefs sind. Sobald sich ein Hund als Rudelführer fühlt, ist es wahrscheinlich, dass er sich aggressiv gebärdet, um seine Überlegenheit zu behaupten. Um dieses Verhalten zu korrigieren, brauchen Sie vielleicht professionelle Hilfe.

Das Betteln des Hundes um Beachtung wird ignoriert

Zuwendungsverweigerung

Entziehen Sie dem Hund Ihre Zuneigung. Um von Ihnen wieder beachtet zu werden, muss er etwas für Sie tun. Ignorieren Sie ihn, bis er sein forderndes Benehmen aufgibt; befehlen Sie ihm dann, sich zu setzen, und streicheln Sie ihn. Er wird sehr bald begreifen, dass Sie sein Herr sind.

Komfortverweigerung

Geben Sie den Befehl »Runter!«, sobald Ihr dominanter Hund auf das Sofa steigt, was Sie nicht gerne sehen. Sorgen Sie dafür, dass er im Haus eine Wohnungsleine trägt, weil dadurch das Risiko des Beißens verringert wird und Sie ihn besser unter Kontrolle haben.

Wissenswertes

Frei stehendes Hundebett
Ein dominant-aggressiver Hund sollte auch beim Ruhen eine Wohnungsleine tragen. Sein Schlafplatz sollte frei im Zimmer stehen, nicht in einem umschlossenen Bereich. Hunde fühlen sich in Höhlen sicherer, und das Selbstbewusstsein eines dominanten Tiers sollte nicht noch gestärkt werden.

Der Hund isst als letzter
Im Wolfsrudel frisst der Anführer vor seinen Untergebenen. Bereiten Sie das Futter Ihres Hundes vor, doch geben Sie es ihm erst, nachdem Sie mit dem Essen fertig sind. Verabreichen Sie ihm in den Umerziehungswochen keinerlei Leckerbissen zwischen den Mahlzeiten.

Bringübungen
Üben Sie nochmals das Aufheben und Bringen von Gegenständen, weil dem Hund dadurch klargemacht wird, dass Sie der Chef sind. Auch bei diesen Lektionen soll er die Wohnungsleine tragen.

Medizinische Hilfe
Dominanzbedingte Aggressivität ist ein potenziell ernstes Problem. Konsultieren Sie Ihren Tierarzt, der möglicherweise vorschlägt, die Umerziehung durch medizinische Betreuung zu unterstützen.

Der »gezügelte« Hund führt brav den Sitz-Befehl aus

Der Hund geht als letzter
Lassen Sie nicht zu, dass Ihr Hund vor Ihnen durch die Tür rast. Der Chef geht zuerst, und Sie sind der Rudelchef. Der Hund muss seine Schritte den Ihren anpassen.

Häufige Fellpflege
Bürsten Sie einen dominanten Hund mindestens einmal täglich, und achten Sie darauf, dass er dabei den Fang geschlossen hält und eine Wohnungsleine trägt. Außerdem sollten Sie drei Wochen lang jeden Tag wenigstens zwei längere »Liegeübungen« durchführen (siehe S. 76).

Risikovermeidung
Ein Maulkorb oder ein verstellbares Kopfgeschirr (siehe S. 34), die den Fang des Hundes verschließen, dämpft sein Temperament, verringert das Beißrisiko und erleichtert die Durchsetzung von Befehlen.

Angstbeißen

Obwohl das Zuschnappen eines ängstlichen Hundes sich von einer dominanzbestimmten Aggression (siehe S. 140) kaum zu unterscheiden scheint, hat dieses Angstbeißen andere Ursachen und erfordert andere Gegenmaßnahmen. Der Angstbeißer ist unsicherer und versteckt sich eher hinter den Beinen seines Besitzers als ein aggressives Tier. Das Problem hat bei manchen Hunden seine Ursache in einer unzureichenden Sozialisation, kann aber bei einigen Rassen auch genetisch bedingt sein.

Das Problem

Aggressiv aus Angst

Der Angstbeißer sendet häufig zwiespältige Signale aus. Er sitzt vielleicht geduckt neben seinem Besitzer und wedelt unterwürfig mit dem Schwanz, doch dann macht er plötzlich einen Satz nach vorn. Tiere mit dieser Verhaltensstörung haben meist ein schwach ausgeprägtes Selbstvertrauen. Wenn Sie Ihre Autorität im Training durchsetzen, steigern Sie nur noch das unterentwickelte Selbstbewusstsein des Tiers.

Die Gegenmaßnahme

1

Sie brauchen die Hilfe eines Freundes oder – besser noch – eines Hundeausbilders, und beim Training sollte man langsam und behutsam vorgehen. Der Hund wird an einer langen Leine geführt und vor der Lektion nicht gefüttert. Der Helfer, der einen Leckerbissen in der Hand hält, geht davon.

Problemlösungen

Hundephobie
Die Angst vor anderen Hunden kann daher rühren, dass der Hund in der Jugend keinen Umgang mit anderen Artgenossen hatte oder dass er vom Besitzer allzu sehr behütet wurde. Sie könnte aber auch die Folge davon sein, dass das Tier früher einmal verschreckt oder gebissen worden ist.

Abgewöhnung
Machen Sie mit einem Freund, der einen braven Hund besitzt, einen Spaziergang in freiem Gelände, und ermitteln Sie die Distanz, bei der Ihr Hund keine Angst vor dem anderen Tier hat. Belohnen Sie Ihren Schützling mit Leckerbissen und Liebkosungen, wenn er sich entspannt verhält. Verkürzen Sie den Abstand jeden Tag ein wenig, bis Ihr Hund schließlich angstfrei neben dem anderen hergeht. Eine solche Umerziehung dauert gewöhnlich 3–6 Wochen.

Keine Wahl
Die meisten Angstbeißer würden lieber fliehen als kämpfen. Wenn dem Hund die Gelegenheit zur Flucht verwehrt ist, kann bei ihm die Reaktion des Angstbeißens ausgelöst werden, weil er glaubt, sein Leben stehe auf dem Spiel.

2 Gestatten Sie dem Hund, auf Ihren Freund zuzugehen und den Leckerbissen aus der offenen Hand entgegenzunehmen. Der Helfer sollte den Hund nicht ansprechen und mit dem Rücken zu ihm hinknien, so dass jeder Blickkontakt vermieden wird.

3 Üben Sie mehrmals die Schritte 1 und 2, und wiederholen Sie sie dann zusammen mit Ihrem Helfer, der seinen Körper leicht dem Hund zuwendet und weiterhin einen Leckerbissen in der offenen Hand hält. Auch dabei entsteht kein Blickkontakt zwischen ihm und dem Tier.

Problemlösungen

Vertrauen
Angstbeißer haben meist aus Erfahrung gelernt, keinem Menschen zu trauen. Es ist nicht einfach, dem Hund ein solches Vertrauen beizubringen, denn das ist ein Prozess, der Zeit, Geduld und Anstrengung erfordert. Zeigen Sie Ausdauer!

Kritische Distanz
Jedes Tier ist von einem unsichtbaren Kreis umgeben, in dem es sich sicher fühlt. Angstbeißer spüren besonders schnell, wenn jemand in diesen Kreis eindringt und damit die kritische Distanz unterschreitet.

Keine Verschärfung
Wenn ein Hund Sie anknurrt, bleiben Sie stehen und vermeiden Sie den Blickkontakt. Gehen Sie langsam rückwärts, bis der Hund keine Angst mehr hat. Verstärken Sie sein Verhalten nicht dadurch, dass Sie sagen »Schon gut!« – er versteht darunter, dass es gut ist zu knurren.

Körpersprache
Indem Sie sich klein machen, verkleinern Sie auch die Bedrohung, die der ängstliche Hund in Ihnen sieht.

4 Nachdem Sie die Übung im Laufe einiger Tage erfolgreich abgeschlossen haben, gehen Sie zum nächsten Schritt über. Wiederholen Sie die Schritte 1 und 2, wobei Ihr Helfer noch immer hinkniet, aber diesmal dem Hund das Gesicht zuwendet, wenn er den Leckerbissen überreicht.

5 Gehen Sie nun mit dem Hund auf Ihren Helfer zu, der dabei stehen bleibt. Er schaut in die Richtung des Tiers, vermeidet aber einen Blickkontakt. Er reicht den Leckerbissen und tritt dann zurück. Wenn der Hund jetzt Angst bekommt, wiederholen Sie noch einmal den vorausgehenden Schritt.

Nicht anstarren
Vermeiden Sie jeden Blickkontakt mit einem ängstlichen Hund. Wenn Sie ihm in die Augen starren, kann er dadurch zum Angriff gereizt werden.

Langsam
Nähern Sie sich einem nervösen Hund stets ruhig und langsam. Meiden Sie ruckartige Bewegungen und lautstarke Worte. Halten Sie sich zurück, bis sich der Hund beruhigt hat.

Lächeln
Wenn Sie Ihre Gesichtsmuskeln entspannen, dann kann das auf einen ängstlichen Hund besänftigend wirken.

Keine Bedrohung
Ein ängstlicher Hund kann irritiert werden, wenn Sie sich über ihn beugen. Lassen Sie ihn auf Sie zukommen, wenn er die Zeit für gekommen hält. Belohnen Sie sein neu gewonnenes Vertrauen zunächst mit Futterhappen, und warten Sie, bis er merkt, dass es angenehm ist, von Ihnen gestreichelt zu werden.

6 Gehen Sie auf den Helfer zu, und sobald der Hund den Leckerbissen nimmt, loben Sie ihn und streicheln seine Flanken. Ihr Freund sollte dabei noch immer den Blickkontakt mit dem Hund vermeiden, aber er darf sich leise mit Ihnen unterhalten. Bis dieses Stadium erreicht ist, vergehen wahrscheinlich einige Wochen.

7 Wenn sich der Hund selbstsicher verhält, während Sie ihn streicheln und Ihr Helfer ihm einen Leckerbissen reicht, sollte auch dieser ihm die Flanken streicheln. Nachdem Sie diese Übung mehrere Male wiederholt haben, nehmen Sie eine kleine Veränderung vor: Ohne einen Blickkontakt herzustellen, sollte der Helfer den Hund streicheln, bevor er ihm die Futterbelohnung gibt.

Wachtrieb

Wachtrieb und Besitzgier trifft man am häufigsten bei dominanten Hunden an. Diese fühlen sich als Rudelführer und bestimmen, dass Spielsachen, Fressnäpfe und Liegeplätze ihnen gehören. Vermeiden Sie Ärger mit einem besitzergreifenden Vierbeiner dadurch, dass Sie ihm kein Spielzeug geben und ihm nicht erlauben, auf den Polstermöbeln Platz zu nehmen. Behandeln Sie das Problem durch Liebesentzug, durch Anleinen an einer Trainingsleine und durch Wiederholung der Grundgehorsamsübungen.

Das Problem

Der Napf enthält nur Reis

Die Gegenmaßnahme

Der Hund schaut zu, wie leckeres Futter nachgefüllt wird

Futtereifer

Wenn Ihr Hund knurrt, sobald Sie sich seinem Fressnapf nähern, versuchen Sie es mit folgender Lektion: Füttern Sie ihn nicht vor der Übung, und sorgen Sie dafür, dass eine zuverlässige erwachsene Person ihn an einer Trainingsleine hält. Bieten Sie ihm einen Napf an, der statt einer vollen Portion wohlschmeckenden Futters nur eine kleine Menge fader Kost, etwa Reis, enthält.

Appetitanregung

Lassen Sie den Hund das Futter beschnuppern. Während er zuschaut, fügen Sie etwas schmackhafteres Futter hinzu. Wiederholen Sie diese Übung bei jeder Mahlzeit, und nach einigen Tagen freut er sich, wenn Sie an seinen Fressnapf treten.

Problemlösungen

Futtereifer
Wenn Sie den Futternapf auf einen Schemel stellen, hat es der Hund sehr viel schwerer, sich besitzergreifend über sein Futter zu beugen. Das reicht oft zur Lösung des Problems.

Bewachung von Spielzeug
Spielsachen gehören dem Hundehalter. Ein Hund, der sein Spielzeug eifersüchtig hütet, darf es nur bekommen, um mit seinem Besitzer zu spielen, der stets gewinnt und am Ende das Spielzeug gegen einen Leckerbissen austauscht.

Bewachung des Besitzers
Falls der Hund sich allzu besitzergreifend gebärdet, halten Sie ihn an der Leine, damit Sie ihn unter Kontrolle haben, wenn Besuch kommt. Hinterlegen Sie einen Leckerbissen vor der Haustür, den der Gast mit ins Haus bringt. Sobald er eintritt, geben Sie Ihrem Hund den Befehl »Sitz-bleib!«.

Der Gast soll den Blickkontakt mit dem Tier vermeiden und sich bei der Überreichung des Futters hinhocken.

Das Problem

Die Gegenmaßnahme

Verteidigung des Sitzmöbels
Dominante Hunde wählen ihren Ruheplatz selber. Dieser Hund hat sich einen Sessel ausgesucht und verteidigt ihn, zusammen mit einem Spielzeug, das er als sein Eigentum ansieht. Sie sollten ein dominantes Tier nie am Halsband herunterzerren, denn es könnte versuchen, Sie zu beißen.

Runter da!
Lassen Sie den Hund den ganzen Tag die Trainingsleine tragen, damit Sie ihn immer unter Kontrolle haben. Bewegen Sie ihn mit dem Kommando »Runter!« zum Verlassen des Sessels, und offerieren Sie ihm eine Futterbelohnung. Anfangs ist vielleicht ein leichter Ruck an der Leine erforderlich.

Rivalität bei Hunden

Eifersucht und Rivalität entstehen am ehesten unter Hunden, die in Geschlecht, Größe, Alter und Temperament übereinstimmen. Aber auch bei bestimmten Rassen ist die Rivalität zwischen Wurfgeschwistern stark ausgeprägt. Solche Hunde können nicht miteinander teilen; deshalb müssen Sie dafür sorgen, dass jedes Tier seinen eigenen Napf und Schlafplatz bekommt. Die Kastration des unterlegenen Hundes kann sich als notwendig erweisen, um den Unterschied zwischen den Rivalen zu vergrößern.

Die gleichzeitig verabreichte Belohnung erregt keinen Futterneid

Streit ums Eigentum

Knochen lösen wahrscheinlich am häufigsten Streitereien unter Wurfgeschwistern aus. Beugen Sie Schwierigkeiten dadurch vor, dass Sie überhaupt keine Knochen oder diese nur in getrennten Räumen verabreichen. Es kommt nicht darauf an, wie viele Knochen Sie geben – ein Hund will stets den Knochen des anderen haben.

Gemeinsame Belohnung

Bei Hunden, die sich im Wesen ähneln und bei denen sich keiner als eindeutig dominant zu erkennen gibt, erteilen Sie gemeinsame Befehle wie etwa »Sitz!«, und belohnen Sie beide Tiere gleichzeitig. So lernen sie zu gehorchen, wenn sie beisammen sind.

Eifersucht auf einen neuen Welpen

Einführung eines Welpen
Obwohl sich die meisten Hunde über einen neuen Artgenossen in der Familie freuen, kann es am Anfang zu Eifersüchteleien kommen. Schenken Sie dem alten Hund in Gegenwart des Neuankömmlings sehr viel Beachtung; er wird dann schon bald den Welpen mit erfreulichen Aktivitäten assoziieren.

Rückzugsmöglichkeiten
Welpen können lustig, aber auch lästig sein. Der ältere Hund wird zuweilen der ständigen Zudringlichkeit des Kleinen überdrüssig. Bauen Sie eine Schranke, hinter die sich das alte Tier dem Welpen entziehen kann, oder trainieren Sie mit dem Welpen in der Box (siehe S. 44).

Sanfte Missachtung
Ignorieren Sie den älteren Hund, wenn der Welpe nicht zugegen ist. So lernt er, dass die Anwesenheit des Kleinen mit größerer Zuwendung von Ihrer Seite gekoppelt ist.

Gemeinsames Vergnügen
Füttern Sie den alten Hund und den Welpen gemeinsam, doch sorgen Sie dafür, dass kein Blickkontakt zwischen den beiden entsteht. Geben Sie dem älteren Tier ebenso oft Futter wie dem Welpen, ohne jedoch seine Futtermenge zu erhöhen.

Blickkontakt vermeiden
Bauen Sie die Rivalität ab, indem Sie Ihre Hunde gemeinsam füttern, aber achten Sie darauf, dass sie dabei in entgegengesetzte Richtungen blicken. Jeder Hund begreift bald, dass er eine Futterbelohnung erhält, wenn er sich beim Fressen mit dem anderen nicht streitet. Stellen Sie den Fressnapf des dominanten Tieres stets zuerst hin.

Der dominante Hund wird zuerst begrüßt
Demokratie gibt es nicht in der Hundewelt. Wenn die Hunde Ihnen zu verstehen geben, wer der ranghöchste ist, sollten Sie ihre Beziehung respektieren und den Anführer zuerst begrüßen. Dadurch wird das Bedürfnis des dominanten Tiers, seine Überlegenheit zu demonstrieren, reduziert.

Sexprobleme

Die geschlechtsbedingten Probleme – Duftmarkierung mit Urin, Streunen, Revierverteidigung, Kämpfe mit anderen Hunden und übertriebener Beschützertrieb – treten am häufigsten bei Rüden auf und lassen sich am einfachsten durch eine Kastration ausschalten. Einen Rüden die Freuden des Sex genießen zu lassen, ist kontraproduktiv, denn die Folge kann ein übersteigertes Sexualverhalten im späteren Hundeleben sein. Bei Hündinnen kann durch die Kastration eine ohnehin vorhandene Dominanz noch verstärkt werden.

Das Problem

Der Hund umklammert den Teppich und führt Beckenstöße aus

Abhilfe

Der unverhoffte Wasserstrahl lenkt den Hund ab

Besteigen von Gegenständen

Werden die Versuche des Rüden, einen Hund oder Menschen zu besteigen, zunichte gemacht, wendet er sich oft Plüschspielzeugen, Kissen oder Teppichen zu. Dieses Verhalten ist ganz normal, kann aber zur Beschädigung dieser Gegenstände führen und manche Menschen abstoßen.

Verhaltensunterbrechung

Befehlen Sie »Runter!«, wenn sich der Hund auf den Teppich stürzt, und bespritzen Sie ihn mit einer Wasserpistole. Der Wasserstrahl irritiert die meisten Tiere. Sie sollten jedoch einsehen, dass Ihr Hund gelangweilt und frustriert ist, und ihn körperlich und geistig mehr beschäftigen.

Isolieren und ignorieren

Wenn der Hund etwas oder jeman den zu besteigen versucht, sagen Si »Nein!« oder »Pfui!«, entfernen ihn mit Hilfe der Leine und isolieren ihn eine Minute lang. Die Isolation ist eine symbolische Geste und sollte jeweils nur ganz kurz dauern

Problemlösungen

Kastration
Falls Sie mit Ihrem Hund nicht züchten wollen, sollten Sie sich beim Tierarzt über die Vorteile einer Kastration erkundigen. Die Kastration verändert das eigentliche Wesen des Hundes nicht; sie verringert lediglich die Wahrscheinlichkeit von sexbedingten Problemen.

Unkastrierter Rüde
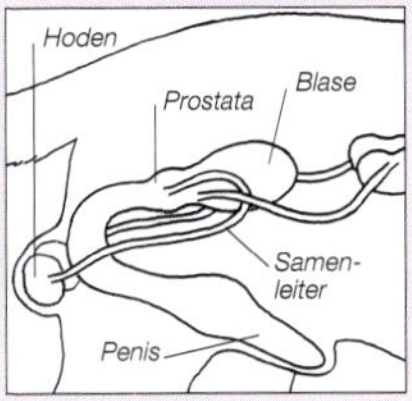

Kastrierter Rüde
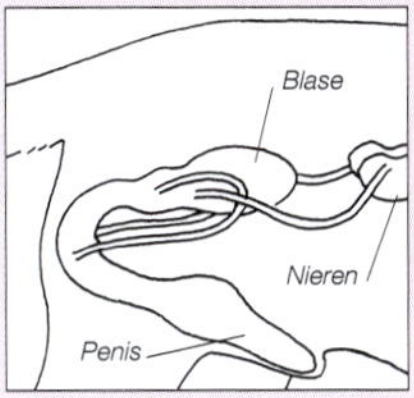

Betteln um Aufmerksamkeit
Unerwünschtes Besteigen fängt häufig spielerisch an und ist ein Versuch, die Aufmerksamkeit von Herrchen oder Frauchen zu erringen. Hier muss man schnell und entschlossen einschreiten, dann wenn daraus ein erlerntes Verhalten wird, ist es viel schwerer zu korrigieren.

Ein Ziehspielzeug ist eine geeignete Ablenkung

Ablenkung
Lassen Sie den Hund nach einer Minute wieder zu sich, aber ignorieren Sie ihn einige Minuten lang. Dann befehlen Sie »Sitz!«, geben ihm eine Belohnung und spielen mit ihm. Hunde besteigen Gegenstände und Personen, weil sie eine körperliche oder geistige Stimulierung brauchen. Achten Sie darauf, dass Ihr Vierbeiner sich ausgiebig austoben kann.

Besteigen von Besuchern
Manche Rüden versuchen, das Bein eines Gastes zu besteigen, um Beachtung zu finden. Andere tun das, weil sie begriffen haben, dass sie sich bei Mitgliedern »ihrer« Familie so etwas nicht herausnehmen dürfen. Ziehen Sie den Hund an der Leine fort, und sperren Sie ihn in einem anderen Zimmer ein, bis der Besuch gegangen ist. Oder wiederholen Sie die aus Isolierung, Missachtung und Befehl bestehende Übung.

Hund und Auto

Manche Hunde fahren gern Auto, weil sie eine solche Reise aufregend finden und das Ziel oft ein Spaziergang oder die Begegnung mit anderen Hunden ist. Andere Tiere hassen das Autofahren, weil ihnen die unkontrollierte Bewegung Übelkeit verursacht. Nehmen Sie Ihren Hund zunächst häufig auf kurze Strecken mit, damit er sich an den Wagen gewöhnt. Tadeln Sie ihn, falls er Anstalten macht, das Auto als sein eigenes Territorium zu verteidigen.

Zerstörungswut

Wird der Hund im Wagen allein gelassen, kann es passieren, dass er die Polsterung zerwühlt und zerkaut. Besprühen Sie Polster und Sitzgurte mit einer ungiftigen, bitter schmeckenden Flüssigkeit (siehe S. 31), und geben Sie dem Tier ein Spielzeug zum Beknabbern.

Übertriebenes Bellen

Wenn der Hund unruhig wird und ausdauernd bellt, sollte sich jemand neben ihn setzen und ihm notfalls Schweigen gebieten (siehe S. 82). Auch ein Maulkorb kann bei übermäßigem Bellen Abhilfe schaffen.

Wissenswertes

Vor Antritt der Reise
Locken Sie den Hund mit Futter (sofern er nicht zum Erbrechen neigt) oder mit einem Spielzeug in den Wagen, aber regen Sie ihn vor der Fahrt nicht zu sehr auf, denn Sie möchten ja, dass er sich unterwegs ruhig verhält.

Schutz vor Verschmutzung
Wenn Ihr Hund sabbert oder sich vielleicht erbrechen muss, sollten Sie ihn vor der Fahrt nicht füttern. Ratsam ist es auch, die Sitze und den Boden mit Zeitungen oder alten Handtüchern auszulegen. So ist der Wagen vor Verschmutzung besser geschützt.

Ein Auto kann tödlich sein
Lassen Sie Ihren Hund bei warmem Wetter niemals längere Zeit allein im Wagen zurück; selbst ein schattiger Parkplatz und ein teilweise geöffnetes Fenster bieten keine Sicherheit. Hunde können ihre Körpertemperatur kaum regulieren und durch Überhitzung einen möglicherweise tödlichen Hitzschlag bekommen. Auch bei kühlem Wetter sollten Sie das Tier nicht bei eingeschalteter Heizung im Auto zurücklassen.

Ein zweites Zuhause
Geben Sie vorher ein Spielzeug und einen Napf mit Futter in den Wagen, damit der Hund die Autofahrt mit angenehmen Betätigungen assoziiert. Nehmen Sie den Futternapf vor dem Losfahren weg.

Einfache Kontrollmaßnahmen
Ein Maulkorb kann destruktives Verhalten unterbinden. Den Bewegungsspielraum des Hundes kann man dadurch einschränken, dass man seine Leine an der Sitzgurtverankerung festbindet. Das kann man auch durch spezielle Hundesicherheitsgurte erreichen, die verhindern, dass das Tier den Fahrer ablenkt, und das Verletzungsrisiko bei einem Unfall reduzieren.

Sonnenblende

Eine Sonnenblende am Wagenfenster schützt den Hund vor der Sonne. Die Blende dient außerdem dazu, einen leicht erregbaren Hund zu beruhigen, weil sie ihm teilweise die Sicht versperrt und die Fahrt für ihn dann weniger aufregend ist.

Mehr Sicherheit

Die meisten Autos kann man heute mit einem Sicherheitsnetz oder Schutzgitter ausrüsten, hinter dem der Hund sicher geborgen ist. Machen Sie es ihm dort behaglich, indem Sie ihm ein Kauspielzeug und eine Decke zur Verfügung stellen.

Warten

Üben Sie das Kommando »Wart!«, damit der Hund lernt, dass er nicht aus dem Wagen springen darf, sobald die Tür oder Heckklappe aufgeht. Er muss vielmehr lernen, im Auto zu warten, bis er den Befehl zum Aussteigen erhält. Trainieren Sie das mit einem Helfer, der den Hund im Wagen an der Leine hält, und zwar in der Nähe der Tür, die geöffnet werden soll. Geben Sie das Kommando »Wart!«, und machen Sie dann langsam die Tür auf. Belohnen Sie sein geduldiges Warten. Auf den Befehl »Komm!« darf das Tier aussteigen.

Transportbehälter

Ein an die Drahtbox gewöhnter Hund kann in ihr untergebracht werden. Eine solche Box bietet nicht nur Sicherheit, sondern verhindert auch jede destruktive Betätigung. Der Hund fühlt sich geborgen und geschützt, aber Sie sollten ihm auch dann ein anregendes Spielzeug geben.

Für Erfrischung sorgen

Vergewissern Sie sich, dass Sie, vor allem auf längeren Reisen, ein Gefäß mit Wasser im Wagen mitführen. Nach wenigen Stunden sollten Sie jeweils eine Pause machen, damit der Hund trinken und sich erleichtern kann.

Nervosität

Nervöses Verhalten trifft man am häufigsten bei kleinen Rassen und isoliert aufgewachsenen Tieren an. Es kann jedoch auch bei vielen anderen Hunden auftreten. Manche Hunde geraten in Panik, wenn sie bewegliche Objekte sehen, die sie nicht kennen, zum Beispiel Skateboards oder Kinderwagen. Andere fürchten sich vor Donner oder Feuerwerk. Auch körperliche Misshandlung kann der Grund sein, warum ein Tier handscheu wird, aber in vielen Fällen lässt sich das als Ursache nicht nachweisen.

Angst vor Geräuschen

Nehmen Sie das Geräusch, das den Hund erschreckt, auf Tonband auf. Unter kontrollierten Bedingungen spielen Sie die Aufzeichnung ab. Stellen Sie den Ton anfangs leise, und belohnen Sie den Hund, wenn er nicht nervös wird. Im Laufe mehrerer Wochen erhöhen Sie allmählich die Lautstärke, bis das Geräusch so laut ertönt wie jenes, das den Hund in Panik versetzt hat.

Angst vor Händen

Legen Sie die offene Hand, die einen Leckerbissen enthält, vor dem Hund auf den Boden. Wenn Sie befürchten, gebissen zu werden, gehen Sie so vor wie bei Angstbeißern (siehe S. 142). Sobald der Hund den Leckerbissen regelmäßig und bereitwillig aufnimmt, verringern Sie den Abstand zu ihm und setzen sich neben ihn.

Problemlösungen

Unterwürfiges Verhalten

Übernervöse Hunde wälzen sich unterwürfig auf den Rücken und harnen sogar, wenn sie mit furchterregenden Situationen konfrontiert werden. Verhält sich Ihr Hund so während des Trainings, gehen Sie zu energisch vor. Sie sollten sich auf die Ebene des Hundes begeben, um sein Selbstvertrauen wieder herzustellen. Dann bewegen Sie ihn mit einem Spielzeug zum Aufstehen. Ein Fangspiel ermöglicht es ihm, seine Demutsstellung aufzugeben, ohne dass Sie ihn anfassen müssen. Wenn sich das Tier auf den Rücken legt, sobald Sie es begrüßen, sollten Sie es ignorieren, bis es sich beruhigt hat.

Angst vor Händen

Nervöse Hunde möchten fremde Leute begrüßen, haben aber Angst vor Händen und scheuen deshalb zurück.

Das Problem

Die Gegenmaßnahme

Angst vor Gegenständen

Hunde scheuen oft vor unvertrauten Objekten zurück. Ein Hund, der in einem kinderlosen Haushalt lebt, fürchtet sich nicht selten vor Kinderwagen. Bei ihrem Anblick duckt er sich vielleicht oder versucht wegzulaufen.

Fressen neben dem Kinderwagen

Legen Sie in der Nähe des Kinderwagens einen Leckerbissen auf den Boden. Platzieren Sie dann Häppchen immer näher an den Wagen heran, bis der Hund seinen Kopf unter den Wagen steckt, um sie zu fressen. Wenn das klappt, stellen Sie seinen Futternapf unter das Gefährt. Bewegen Sie es gelegentlich hin und her, und belohnen Sie das Tier, wenn es keine Angst mehr zeigt.

Langeweile

Hunde sind gesellige Rudeltiere, deren Sinne, Geist und Körper nach Stimulierung verlangen. Wenn Sie bei Ihrer Heimkehr ein von Ihrem Hund angerichtetes Chaos vorfinden, dann ist die Vermutung falsch, das sei seine Rache für das Alleinsein. Hunde sind unfähig zu vorsätzlichen Eigentumsdelikten. Heulen, Graben, Zerstören, Springen und stereotypes Hin- und Herrennen sind allesamt ein Ausdruck von Kummer und Langeweile.

Heulen
Wolfswelpen heulen, um die Aufmerksamkeit ihrer Mutter zu erregen. Ebenso bellt oder heult der gelangweilte, frustrierte und unterbeschäftigte Hund, um die Aufmerksamkeit seines Besitzers zu erregen, wenn er allein gelassen wird.

Zerstörungswut aus Angst
Hunde können sich ungewöhnlich destruktiv gebärden; sie reißen Tapeten herunter, zerknabbern Autositze und zerfetzen Teppiche, Kleidungsstücke und Tischtücher. Dieses Verhalten ist am häufigsten bei unterforderten und unsicheren Tieren zu beobachten, insbesondere bei Tierheimhunden, die emotional ganz auf ihren Besitzer angewiesen sind.

Wissenswertes

Vorausplanung
Testen Sie das Verhalten Ihres Hundes, indem Sie ihn mit einem Spielzeug in einem Raum allein lassen. Kommen Sie nach wenigen Minuten zurück, und loben Sie ihn, wenn er seinen Einsamkeitsgefühlen nicht durch Bellen, Hin- und Herrennen oder Kratzen an der Tür Luft gemacht hat. Wiederholen Sie diese Lektion in verschiedenen Zimmern und mit unterschiedlichen Zeitspannen, bis der Hund allein bleiben kann, ohne sich zu fürchten.

Körperliche Betätigung
Hunde müssen sich körperlich betätigen können, und die mit Langeweile einhergehenden Probleme kann man am besten dadurch reduzieren, dass man den Tieren täglich reichlich Auslauf gewährt.

Anregendes Spielzeug
Nutzen Sie die natürliche Neugier Ihres Hundes, indem Sie ihn zwischendurch mit Leckerbissen belohnen. Füllen Sie das Spielzeug mit etwas Trockenfutter (beachten Sie dabei die tägliche Kalorienmenge) und gelegentlich mit einem besonderen Leckerbissen. Er wird das Spielzeug herumschubsen, um an das Futter heranzukommen, und findet manchmal sogar eine Superbelohnung.

Graben
Manche Hunde graben, um Knochen zu verstecken oder um sich eine kühle Mulde zum Ausruhen zu schaffen, doch viele graben einfach nur aus Frustration. Sie können den natürlichen Drang Ihres Hundes, Blumenbeete oder den Rasen umzugraben, sinnvoll umleiten, indem Sie ihm einen eigenen Sandkasten zur Verfügung stellen.

Problemlösungen

Leiser Abschied
Verlassen Sie leise das Haus. Ziehen Sie die Vorhänge zu, und lassen Sie ein Radio oder den Fernseher laufen, damit ablenkende Außengeräusche überdeckt werden. Bedenken Sie, dass selbst ein wohlerzogener Hund in einer neuen Wohnung unter Trennungsschmerz leiden kann.

Ausreichende Beschäftigung
Bevor Sie Ihren Hund allein lassen, sollten Sie ihn ausgiebig beschäftigen. Erschöpfte Hunde bellen, graben und zerstören im Allgemeinen nicht. Nehmen Sie ein Lieblingsspielzeug des Hundes, reiben Sie es in den Händen, um ihm Ihren Geruch mitzuteilen, und geben Sie es dem Tier.

Alles unter Kontrolle
Vor dem Verlassen der Wohnung setzen Sie Ihren Hund, zusammen mit einem Lieblingsspielzeug, in seine Drahtbox (siehe S. 44). Sie können auch die Gegenstände, die regelmäßig beknabbert werden, mit einem übel schmeckenden Spray besprühen (siehe S. 31).

Das Problem

Die Gegenmaßnahme

Stereotypes Springen
Im Garten kann sich ein Hund die Langeweile damit vertreiben, dass er am Zaun hochspringt, um hinüberzuschauen. Die Trennungsangst veranlasst manche Hunde, ständig hin und her zu traben, Duftmarken zu setzen, zu heulen und zu graben.

Lärmsperre
Hängen Sie mehrere Blechdosen an einer Schnur etwa 1 Meter über dem Boden und etwa 30 Zentimeter vor dem Zaun auf. Wenn der Hund beim Hochspringen an die Schnur stößt, wird er durch den Lärm der rasselnden Dosen nachhaltig abgeschreckt.

Begleitung zum Arbeitsplatz
Man sollte Hunde nicht den ganzen Tag lang allein zu Hause lassen, denn sie brauchen Gesellschaft und Beschäftigung. Wenn Sie Ihren Hund ins Büro mitnehmen, sofern das möglich ist, reduzieren sie seine Langeweile und Zerstörungslust.

Ruhe nach der Fütterung
Hunde sind mit vollem Magen gewöhnlich weniger aktiv als mit leerem, und deswegen frönen sie nach dem Fressen nicht so schnell ihrem Grabtrieb. Muss Ihr Hund tagsüber allein bleiben, sollten Sie ihn am Morgen und nicht erst abends füttern.

Gehorsamsübung
Wenn Ihr allein gelassener Hund ständig bellt und heult, bringen Sie ihm die Befolgung des Kommandos »Still!« bei (siehe S. 82), und tun Sie dann so, als wollten Sie ihn verlassen. Erregen Sie seine Aufmerksamkeit, befehlen Sie ihm, ruhig zu sein, und bleiben Sie vor der Haustür stehen. Wenn der Hund bellt, schrecken Sie ihn auf, indem Sie ein Blechtablett fallen lassen oder einen Schlüsselbund gegen die Tür werfen. Kehren Sie zurück, loben Sie das Tier, wenn es sich ruhig verhält, und gehen Sie dann wieder weg. Diese Lektion braucht Zeit und Geduld.

Drahtverhau
Verhindern Sie, dass der Hund am Gartenzaun hochspringt, indem Sie unten am Zaun Hühnerdraht anbringen, der mit Ziegelsteinen beschwert wird. Die Maschenweite soll so klein sein, dass die Hundepfoten nicht hindurch rutschen können. Das Drahtgeflecht erschwert dem Tier das Graben und Hochspringen.

Ein freundlicher Helfer
Falls Sie Ihren Hund längere Zeit allein lassen müssen, können Sie Probleme, die durch Langeweile entstehen, dadurch verhindern, dass Sie einen Hundeausführer engagieren. Oder bitten Sie einen Freund, mit dem Hund regelmäßig Gassi zu gehen.

Übererregtheit

Hunde gewöhnen sich zuweilen hektische Verhaltensweisen an, die durch übermäßige Erregung ausgelöst werden. Sie bellen hysterisch, jagen ihrem Schwanz nach, kauen auf Steinen herum, kratzen sich zwanghaft oder wollen unbedingt aufgenommen werden. Vergewissern Sie sich bei Ihrem Tierarzt, dass keine medizinische Ursache vorliegt. Ist das geklärt, können Sie mit der Umerziehung beginnen.

Das Problem

Anspringen vor Aufregung

Hunde springen einen Menschen am ehesten an, wenn sie aufgeregt sind. Wenn Sie heimkommen, wenn Sie die Leine holen oder wenn ein Gast eintrifft, kann das für Ihren Hund ein Grund zum Anspringen sein. Es ist zwar besonders typisch für Jungtiere, aber auch für unterforderte Tiere. Reichlich körperliche Betätigung kann hier Abhilfe schaffen.

Die Gegenmaßnahme

Gehorsam befehlen

Statt negativen Kommandos wie »Runter!« oder »Pfui!« sollten Sie beim Betreten des Zimmers den Befehl »Sitz!« geben. Erheben Sie nicht die Stimme, und wede Sie nicht mit den Armen, denn beides würde den Hun noch mehr erregen. Belohnen Sie ihn, wenn er brav sitzt, und streicheln Sie ihn unter dem Kinn. Mit dem Fuß auf der Leine hindern Sie das Tier am Aufspringen

Wissenswertes

Begegnung mit Kindern
Um das Anspringen von Kindern zu unterbinden, stellen Sie Ihren – angeleinten – Hund einem Kind unter kontrollierten Bedingungen vor. Erklären Sie dem Kind, dass es die Arme nicht zum Gesicht erheben, sondern an den Körper anlegen soll. Loben Sie den Hund, wenn er nicht hochspringt.

Betteln um Futter
Viele Hunde springen hoch, bellen, winseln oder lecken, um beachtet zu werden oder um Futter zu erbetteln. Das sind schlechte Hundemanieren, die Sie nicht durchgehen lassen sollten. Füttern Sie Ihren Liebling niemals am Tisch. Wenn Sie nachgeben, wird das Betteln bei Tisch zur Gewohnheit.

Keine Gewaltanwendung
Wenden Sie stets positive Methoden an, um das Verhalten Ihres Hundes zu steuern. Wenn er Sie anspringt, sollten Sie ihm nie das Knie in die Brust rammen, ihn auf die Hinterpfoten treten oder seine Vorderpfoten quetschen. Sie können das Benehmen des Tiers mit gesundem Menschenverstand steuern.

GRUNDAUSBILDUNG

»Sitz!« und »Bleib!« S. 72

Kontrolliertes Bellen S. 82

Das Problem

Die Gegenmaßnahme

Vierbeinige Rakete
Manche Hunde springen einfach hoch, um ihrem Besitzer das Gesicht zu lecken – so wie Welpen ihre Mutter begrüßen –, doch andere schießen gleichsam durch die Luft auf Menschen zu. Das ist ein normales Spielverhalten unter Hunden, kann aber für Menschen gefährlich werden, vor allem wenn sie dem Hund den Rücken zuwenden.

Begegnung auf gleicher Ebene
Die überschwängliche Begrüßung sollten Sie ignorieren. Gehen Sie ohne Blickkontakt an dem Hund vorbei. Wenn die Pfoten wieder auf dem Boden gelandet sind, geben Sie das Kommando »Sitz!«, und dann gehen Sie vor ihm in die Hocke, auf gleicher Ebene mit ihm. Loben Sie seine Folgsamkeit.

Problemlösungen

Exzessives Bellen
Viele Hunde fungieren als vierbeinige Alarmanlagen – sie bellen, sobald sie ein unerwartetes Geräusch hören. Manche Tiere, insbesondere Terrier, Pudel und Lhasa Apsos, entwickeln sich zu chronischen Dauerbellern, wenn man es ihnen nicht abgewöhnt. Das oft rhythmische Gebell wird vielfach nur auf einen Befehl des Besitzers hin vorübergehend unterbrochen. Der hysterische Hund empfindet den gebrüllten Befehl »Still!« womöglich als den Versuch, in sein Bellen einzustimmen.

Stimmkontrolle
Wiederholen Sie noch einmal unter kontrollierten Bedingungen die Befehle »Sprich!« und »Still!« (siehe S. 82). Bitten Sie einen Freund, an der Haustür zu klingeln, während Sie diese Übung durchführen.

Bellen
Nicht jedes Bellen ist zwanghaft; zumeist ist es ganz normal. Nur das unbeherrschte oder exzessive Bellen ist ein Fehler. Wenn Ihr Hund ständig kläfft und gar nicht aufhören will, packen Sie ihn am Nackenfell, blicken Sie ihm direkt in die Augen und sagen Sie »Still!«.

Bitte um Beachtung

Nimm mich hoch!
Unsichere Hunde werden manchmal hysterisch, wenn sie nicht auf den Arm genommen werden. Das passiert am ehesten bei stark abhängigen Tieren, vor allem in einer neuen Umgebung. Das Betteln um Beachtung wird zunehmend zwanghaft und das Verhalten des Hundes chronisch, weil er den Adrenalinausstoß als Selbstbelohnung empfindet.

Springteufelchen
Manche Hunde springen immer wieder hoch in die Luft bei dem Versuch, das Gesicht einer Person abzulecken. Man sollte mit einem solchen Tier nicht allzu streng verfahren, denn es braucht zunächst mehr Selbstvertrauen.

Lecken

Das zwanghafte Belecken der Vorderpfoten kann ein gestörtes Putzverhalten sein, vergleichbar dem menschlichen Waschzwang. Der Tierarzt kann zur Korrektur des Fehlverhaltens vielleicht ein Medikament verschreiben. Das Problem tritt besonders häufig bei Labrador-Retrievern und Dobermännern auf.

Schwanzjagen

In großer Erregung jagen manche Hunde, vor allem Bullterrier, gern ihren eigenen Schwanz. Obwohl diesem Verhalten eine starke genetische Komponente zugrunde liegt, verschafft es dem Hund Befriedigung, und wenn ihm nicht Einhalt geboten wird, nimmt es an Häufigkeit zu.

Gegenmaßnahme

Lenken Sie die Aufmerksamkeit des Schwanzjägers durch eine andersartige Belohnung ab. Geben Sie ihm den Befehl »Sitz!«, und belohnen Sie ihn mit einem Kauspielzeug oder Leckerbissen, wenn er gehorcht. Fragen Sie den Tierarzt um Rat, falls das Problem fortbesteht.

Die Gegenmaßnahme

1 Wenn Ihr Hund ständig und wie besessen an Ihnen hochspringt oder Sie mit den Pfoten bearbeitet, gehen Sie ruhig aus dem Zimmer. Er ist verblüfft, dass Sie ihn so plötzlich verlassen und wird sich wahrscheinlich beruhigen.

2 Kehren Sie nach einer Minute zurück, wenn der Hund noch immer ruhig ist, und bringen Sie ihn wieder unter Kontrolle durch den Befehl »Sitz!«. Sein gutes Benehmen sollten Sie stets belohnen.

Fütterungsprobleme

Gewöhnen Sie Ihren Hund von Anfang an daran, dass er nur aus seinem Napf fressen darf. Wird er erst dann gefüttert, wenn die Menschen mit dem Essen fertig sind, so erleichtert dies das Gehorsamstraining, weil er lernt, dass Menschen dominanter sind als Hunde. Lassen Sie nichts Essbares an leicht zugänglichen Stellen stehen, füttern Sie den Hund nicht am Esstisch, und achten Sie darauf, dass der Deckel des Abfalleimers gut schließt.

Futterdiebstahl

1 Wenn Ihr Hund gern im Abfall herumwühlt, führen Sie eine Situation herbei, die ihn in Ihrem Beisein zu einer solchen Aktivität verlockt. Sobald er sich über den Mülleimer hermacht, rufen Sie streng »Pfui!« oder »Lass das!«, damit er einsieht, dass so etwas nicht erlaubt ist.

2 Verschließen Sie den Eimer fest. Nehmen Sie dem Eimer seinen Reiz, indem Sie ihn mit einer ungiftigen und übel riechenden Substanz besprühen (siehe S. 31). Lassen Sie den Hund den eingesprühten Eimer untersuchen. Diese Methode funktioniert allerdings nur dann, wenn der unangenehme Geschmack stärker wirkt als die Belohnung durch den Diebstahl.

Problemlösungen

Fressen von Tierkot

Benutzen Sie Grundgehorsamsübungen, um Ihren Hund davon abzuhalten, den Kot von Pflanzenfressern aufzunehmen. Wenn Sie beobachten, dass er sich für einen Kothaufen interessiert, geben Sie das Kommando »Nein!« oder »Pfui!«. Will er ihn fressen, befehlen Sie »Aus!«.

Fressen von Hundekot

Hundekot kann, wenn er gefressen wird, Darmparasiten übertragen oder im eigenen Darm eine übermäßige Bakterienvermehrung verursachen, die zu einem chronischen Durchfall führt. Bekämpfen Sie diese Untugend, indem Sie einen frisch abgesetzten Kothaufen mit Tabascosoße beträufeln.

Futterverweigerung

Manche Hunde verschmähen das Futter, das ihnen angeboten wird. Das kommt häufig bei Zwergrassen vor, aber auch bei großen, schlank gebauten Tieren, etwa beim Saluki. Hunde kommen länger ohne Nahrung aus als Menschen. Ein gesunder Hund verhungert nicht, solange Futter bereit steht. Stellen Sie das Futter zehn Minuten lang hin, und nehmen Sie dann den Napf mit dem etwaigen Rest weg. Wiederholen Sie diese Lektion jeden Tag mit kleineren Portionen, bis das Futter ganz aufgefressen wird.

Betteln

Betteln am Tisch

in Hund, der am Tisch um Futter bettelt, ann zu einer Plage werden. Ihm hin und ieder einen Leckerbissen zu geben, ist hlimmer, als ihm bei jeder Mahlzeit seien Wunsch zu erfüllen. Dauergewohnhein lassen sich leichter korrigieren als ein elegentlich auftretendes Fehlverhalten.

1 Bringen Sie Ihrem Hund bei, dass er nur dann fressen darf, wenn Sie es gestatten. Befehlen Sie ihm, sich hinzusetzen, während Sie sein Futter vorbereiten – fernab vom Tisch.

2 Stellen Sie den Futternapf auf den Boden, doch halten Sie den Hund in der Sitzposition, bis Sie ihn mit dem Kommando »Nimm!« oder »Gut!« freigeben.

Übergewicht

Wenn Sie Ihren Hund überfüttern, verkürzen Sie sein Leben und beeinträchtigen seine Lebensqualität. Konsultieren Sie Ihren Tierarzt, wenn Sie meinen, Ihr Liebling sei zu dick. Bei den meisten Rassen kann man mühelos die letzten Rippen des Tieres fühlen, und die meisten Rassen sollten eine erkennbare Taille haben. Ist Ihr Vierbeiner übergewichtig, sollten Sie seine tägliche Kalorienaufnahme reduzieren und für mehr körperliche Betätigung sorgen.

Spiele im Freien
Das Herumtollen ohne Leine ist für den Hund ein wahres Vergnügen, denn dabei kann er wirklich Hund sein. Dauer und Vielfalt der spielerischen Betätigung richten sich nach dem Alter, der Rasse und dem Gesundheitszustand des Tieres.

Beschäftigung durch konstruktive Spiele
Wenn Ihr Hund draußen oder drinnen gemeinsam mit Ihnen spielt, dann festigt dies nicht nur die Beziehung zu Ihrem Vierbeiner, sondern erhöht auch seine Lebensqualität, denn Sie geben ihm dadurch die Möglichkeit, sowohl seinen »Geist« als auch seinen Körper einzusetzen.

Problemlösungen

Das richtige Futter
Wenn Sie Ihrem Hund ein hochwertiges Futter in richtiger Dosierung geben und sich das zur Regel machen, ist sichergestellt, dass er sein Normalgewicht behält. Für Menschen bestimmte Leckereien gehören nicht zum Speiseplan des Hundes.

Traurige Augen
Lassen Sie sich nicht erpressen von Ihrem Vierbeiner, der auf Verlangen gefüttert werden möchte oder Sie mit traurigen Augen um einen Anteil von Ihrer Mahlzeit anbettelt.

Leckerbissen als Belohnung
Falls Sie beim Training oder sonst Leckerbissen als Belohnung verwenden, sollten Sie darauf achten, dass es sich dabei um Qualitätsfutter handelt, und ihren Kaloriengehalt bei der Ermittlung der Tagesfuttermenge einkalkulieren.

Beschäftigung durch Apportierspiele
Wenn Sie Ihrem Hund das Apportieren beibringen (siehe S. 93), dann eröffnen sich vielerlei Möglichkeiten für gemeinsame Spiele. Apportierübungen zwingen den Hund zur Konzentration und stellen gleichzeitig eine gesundheitsfördernde Betätigung im Freien dar.

Tragtier Hund
Machen Sie sich das Apportier- und Trageverhalten Ihres Hundes zunutze, selbst wenn er an der Leine geht. Die meisten Gebrauchshundrassen wollen eine Aufgabe erfüllen, auch wenn diese nur darin besteht, den Schirm ihres Herrchens oder Frauchens zu tragen.

Erfolgreiche Erziehung

Wenn Sie ein erfolgreicher Hundeerzieher sein wollen, muss Ihr Hund Sie als Rudelführer anerkennen. Entscheidet der Hund beispielsweise über Fütterungs- oder Schlafzeiten, dann glaubt er sehr bald, er sei das dominante Familienoberhaupt. Aufzeichnungen über die Art und Weise, wie Sie mit Ihrem Vierbeiner umgehen, können Ihnen Aufschluss geben, ob Sie die Grundlagen für eine effektive Hundeausbildung gelegt haben.

Professionelle Erziehungshilfen

Hilfe bei der Erziehung Ihres Hundes finden Sie vielerorts. Über Kurse in Ihrer Nähe können Sie sich bei Ihrem Tierarzt oder bei einem Hundesportverein informieren.

Welpenschule

Diese regelmäßig stattfindenden Zusammenkünfte von Welpen sind für Ihren jungen Hund eine ideale Möglichkeit, sich mit anderen Welpen und mit fremden Menschen vertraut zu machen. In einer guten Welpenschule wird eine solide Grundlage für eine formalere Ausbildung gelegt.

Grundgehorsamskurse/Hundeführerschein

Diese Kurse eignen sich für ältere Hunde, aber auch für Jungtiere, die noch keine Sozialisation in einer Welpenschule absolviert haben. Viele Hundesportvereine bieten solche Lehrgänge an, in denen Ihnen und Ihrem Hund die Grundbegriffe des Gehorsamstrainings von erfahrenen Ausbildern beigebracht werden. Seit einigen Jahren wird auch die Möglichkeit angeboten, einen so genannten Hundeführerschein zu erwerben. Er bescheinigt die Sachkunde des Halters, den Gehorsam und die Sozialverträglichkeit des Hundes. Einige Gemeinden haben sich entschlossen, in Verbindung mit Sachkundenachweisen Steuervergünstigungen zu gewähren. Erkundigen Sie sich bei Ihrer Gemeinde und/oder beim VDH (Adresse S. 174).

Fortbildungskurse

Für die meisten Hunde genügt die Einübung des Grundgehorsams vollkommen, doch durch einen Fortbildungskurs können Sie den Umgang mit Ihrem Liebling noch verbessern. Wenn Sie und Ihr Hund sich mit den Feinheiten des Agility-Trainings, der Fährtensuche und speziellen Spiel- und Sportaktivitäten vertraut machen, können Sie das ganze Potenzial der Mensch-Hund-Beziehung ausschöpfen.

Hundeschulen

In vielen Orten gibt es heute private Hundeschulen, die Hunde zur Ausbildung und Abrichtung aufnehmen. Die Erziehung des Tiers in Abwesenheit seines Besitzers kann sich in speziellen Fällen als sinnvoll erweisen, doch in der Regel ist es am besten, wenn Sie gemeinsam mit Ihrem Hund üben können.

Individuelle Ausbildung

Einige Verhaltensstörungen, zum Beispiel bestimmte Formen der Aggressivität oder das Hetzen von Haustieren, sind so gravierend, dass sie ein individuelles Training durch einen sachkundigen Hundeausbilder notwendig machen. Eine geeignete Person kann Ihnen vielleicht Ihr Tierarzt vorschlagen.

Tierärztliche Hilfe

Wenn Sie mit Ihrem Hund nicht züchten wollen, sollten Sie eine Kastration in Erwägung ziehen. Bei einem frühzeitigen Eingriff wird bei Hündinnen das Risiko eines Gesäugekrebses und einer Gebärmutterentzündung und bei Rüden das von Prostataentzündungen und Analbeuteltumoren reduziert oder sogar ausgeschaltet. Kastrierte Tiere sind zudem leichter zu erziehen. Wenn sich Ihr Hund nicht normal benimmt oder wenn bei ihm Verhaltensprobleme auftreten, sollten Sie Ihren Tierarzt konsultieren. Ein verändertes Verhalten kann ein Krankheitssymptom sein, und unter bestimmten Umständen und bei bestimmten Verhaltensstörungen wird der Arzt eine kurze medikamentöse Behandlung anraten.

Die Tabelle und was sie aussagt

Füllen Sie die Tabelle aus

Füllen Sie die Tabelle unten aus, indem Sie bei jeder Frage das entsprechende Kästchen ankreuzen. (Wenn Sie die Buchseite nicht bekritzeln möchten, machen Sie vorher eine Fotokopie.) Zählen Sie nach, welche Spalte die meisten Kreuzchen enthält.

Wie haben Sie abgeschnitten?

Wenn Sie überwiegend die Antworten in der ersten Spalte ankreuzen, sind die Voraussetzungen für eine effiziente Hundeerziehung gut. Treffen dagegen hauptsächlich die Antworten in der zweiten Spalte zu, sollten Sie sich den fachmännischen Rat eines erfahrenen Hundeexperten zunutze machen.

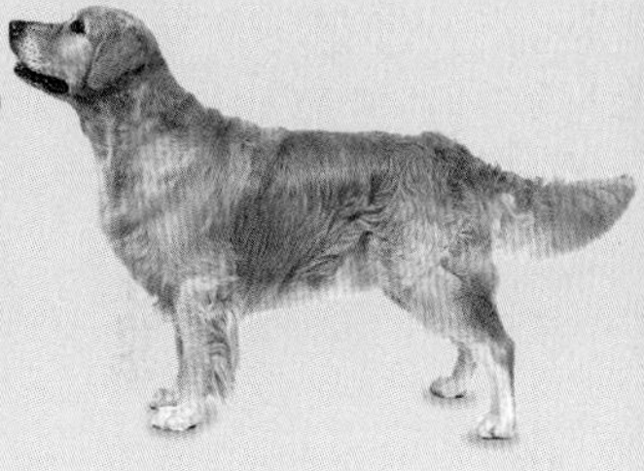

TRAININGSBILANZ				
Wo haben Sie Ihren Hund erworben?	Züchter/Freund		Zeitungsanzeige/Tierheim/ Tierhandlung	
Wie alt war Ihr Hund bei der Anschaffung?	Unter 26 Wochen		Über 26 Wochen	
Ist Ihre Hündin kastriert?	Ja		Nein	
Ist Ihr Rüde kastriert?	Ja		Nein	
Haben Sie vorher schon einen Hund gehabt?	Ja		Nein	
Wann wird Ihr Hund gefüttert?	Zu festen Zeiten		Bei Bedarf	
Wird Ihr Hund gefüttert, nachdem Sie gegessen haben?	Ja		Nein	
Wann macht Ihr Hund sein Geschäft?	Zu festen Zeiten		Bei Bedarf	
Wo schläft Ihr Hund?	Diele/Küche/draußen		Im Schlafzimmer/im Bett	
Wie oft wird Ihr Hund gebürstet?	Häufig		Selten	
Wie reagiert Ihr Hund auf das Bürsten?	Er hat es gern		Er sträubt sich dagegen	
Wann wird Ihr Hund ausgeführt?	Zu festen Zeiten		Bei Bedarf	
Wie lange hat er Auslauf?	Über 1 Stunde pro Tag		Weniger als 1 Stunde pro Tag	
Gehorcht er auch ohne Leine?	Ja		Nein	
Wo bewahren Sie das Hundespielzeug auf?	Im Spielzeugbehälter		Auf dem Boden	
Wie oft spielt Ihr Hund mit anderen Hunden?	Häufig		Selten	
Wie oft spielt Ihr Hund mit anderen Personen?	Häufig		Selten	
Wie oft bleibt Ihr Hund allein in der Wohnung?	Selten		Häufig	
Wie oft spielen Sie ausgiebig mit Ihrem Hund?	Häufig		Selten	

Register

J

K

L

M

N

P

Q

R

S

T

U

Literatur

Fritsche, Gisela: So fühlt mein Hund sich wohl. BLV Verlag. München, 2007

Leyen, Katharina von der: Braver Hund. BLV Verlag. München, 2006

Leyen, Katharina von der: Charakterhunde. BLV Verlag. München, 2004

Leyen, Katharina von der: Das Welpenbuch. BLV Verlag. München, 2007

Leyen, Katharina von der: Stadthunde. Hundeleben in der Stadt. BLV Verlag. München, 2003

Schewick, Manuela von, und Steimer, Christine: Kind und Hund. Der Ratgeber für eine harmonische Beziehung. BLV Verlag. München, 2002

Schmitz, Siegfried: Hunde - die populärsten Rassen. BLV Verlag. München, 2007

Spangenberg, Rolf: Aus Dr. Spangenbergs Tiersprechstunde. Fragen und Antworten rund um den Hund. BLV Verlag. München, 2002

Wegmann, Angela: Freizeit-Spaß mit Hunden. BLV Verlag. München, 2001

Wegmann, Angela: Wenn mein Hund nicht hören will. BLV Verlag. München, 2003

Wegmann, Angela: Hunde richtig halten. BLV Verlag. München, 2006

Adresse

Verband für das
Deutsche Hundewesen (VDH) e.V.
Westfalendamm 174
44141 Dortmund
Tel. 02 31-5 65 00-0
Fax 02 31-59 24 40
e-mail: Info@vdh.de
www.vdh.de

Danksagungen

Dank des Autors

Durch eine kuriose Laune des Schicksals entdeckte ich erst nach mehrjähriger Zusammenarbeit mit meiner literarischen Agentin Patricia Holden White, dass ich ihrem Hundetrainingsverein immer wieder schwierige Hunde überwiesen hatte. Tagsüber ist Patricia als literarische Agentin tätig, die sich um die Konten von Autoren und Illustratoren kümmert; abends ist sie eine der führenden Hundeausbilder Großbritanniens. Als Mitarbeiterin bei diesem Buch war sie somit die beste Wahl. Wir beide wurden beeinflusst durch den Sachverstand von sensiblen, pragmatischen und realistischen Hundeausbildern wie John Rogerson und John Fisher in England und den Mönchen von New Skate und Terry Ryan in den USA. Ich bin Patricia sehr dankbar dafür, dass sie sowohl die vier- als auch die zweibeinigen Modelle für die Fotoaufnahmen engagiert und wirkungsvoll in Szene gesetzt hat.

Mein Dank gilt auch dem Team des Dorling-Kindersley-Verlags: Deirdre Hedon, Lee Griffiths, Wendy Bartlet, Heather Jones und David und Sylvia Tombesi-Walton, die mit gewohnter Effizienz und Geschicklichkeit die typischen, aber unvermeidlichen Schwierigkeiten bei der Buchherstellung aus dem Weg geräumt haben.

Patricia Holden White dankt allen, die die Erstausgabe sowie die vorliegende Überarbeitung dieses Buches unterstützt und ihre Hunde zur Verfügung gestellt haben, insbesondere den Mitgliedern des Hammersmith Dog Training Club, John Uncle und den Mitarbeitern seines London Canine Dog Training Establishment sowie den Mitgliedern des Alan Menzies Dog Training Club.

Die in diesem Buch dargestellten sanften Trainingsmethoden beruhen auf einer Verschmelzung von Erziehungslehren, die sich im Laufe der Jahre bei den meisten Hunden bewährt haben. Die Arbeit von John Rogerson, John Homes, Gail Fisher, Terry Ryan und Turid Rugaas hat die Entwicklung meiner eigenen Trainingsmethoden enorm beeinflusst. Großen Dank schulde ich Roy Hunter, der mit seinem Anglo-American Dog Training für buchstäblich Tausende von Hundeausbildern in aller Welt das Licht der Aufklärung entzündet und zu einer besseren und sanfteren Hunderziehung beigetragen hat. Mit Bruce Fogle habe ich bei vielen Büchern des Verlages Dorling Kindersley zusammengearbeitet. Wir vertreten bei der Hundeerziehung unterschiedliche, aber verwandte Standpunkte. Ich danke Bruce für das Vergnügen und das Privileg, mit ihm zusammenarbeiten zu dürfen. Und ich danke dem großartigen Verlagsteam, das dieses Projekt zu einem glücklichen Ende geführt hat.

Danksagung des Verlags Dorling Kindersley

Dorling Kindersley möchte den folgenden Personen danken, die ihre Hunde für Fotoaufnahmen zur Verfügung gestellt haben: Malcolm und Melissa Ambrose; Linda Ashton; Hermione Austin; Gill Bartlett; Jessica Berkeley; Vicky Bickell; Charlotte Bishop; Ian und Rebecca Bowman; Anna-Marie Brocchi; Meriel Brook-Withnell; Sheila Butler; Mrs Cardiel; Pamela Clarke; Suzanne Collins; Keeley Daines; Christine Davis; Mel Dawson; Mrs Fielding; Bruce Fogle und Julia Foster; Sonia Funcheon; Donald Goddard; Nicholas Goodall; Lisa und Vanian Graham; Barbara Greeves; Michael Guest; Thomas, William und Daniel Hunter; Billie Ingram; Rosalind Ingram; Thomas Lamonte Johnson; Jeremy Kane; Collette Kase; Norma Kerr; Wendy Kirby und Stephen Fuller; Jennie Lodge; Danuta Mayer; Tim Macpherson; Elizabeth McAllister; Diana Melly; John McClenaghan; Alan Menzies; Jan Moore; Peter Muswell; Marcel und Jane Nassirzadh; Christopher Netto; Ann Marie Donovan O'Neill; Maria Peploe; Paul und Persephone Pickering; Paolo Pimental; Carol Rasen; Michael Rasser; Tim Ridley; Camilla Sampson; Caroline Schroder; Scott Simpson; Maureen Solender; Lena Stenton; Jane Stevenson; Giles Stokoe; William Thompson; Janice Travell; Jennifer Travell; Sandra Turnbull; John Uncle; Doris und Rachael Urqhart; Peter Waldman; David Ward und Jenny Berry; Diana Veale; Patricia Holden White; Mrs Wilde; Rebecca Williams; Winnie Westbrook; Mrs Wood; Chrissie Yggmark.

Der Verlag dankt außerdem Steve Cheetham und Pippa Bush von der RSPCA für ihre Ratschläge zur Textgestaltung und Pedigree Petfoods für die Bereitstellung von Ausrüstung und Material.

Bildnachweis

Schlüssel: o = oben, u = unten, M = Mitte, l = links, r = rechts

Der Verlag dankt den folgenden Personen und Institutionen für die freundliche Genehmigung zum Abdruck ihrer Fotos.

Alle Fotos stammen von Tim Ridley mit Ausnahme von: Nicholas Goodall 130-131, 165; Anna Hodgson 5, 6Mr, 7M, 8-9, 12, 39, 52-53 (Hintergrund), 66, 68, 96, 114; Dave King 14M, 14Mr, 15Mr, 15Ml; Tracy Morgan 14ol, 15Ml, 15ur, 18, 32ol, 36ol, 42Mr, 45ol, 50ol, 82ol, 102ol, 113Mr, 154Mr, 155Ml, 168Mr, 169Mr, 169Ml, 171; David Ward 1, 7Mr, 12, 16ol, 17Mr, 17or, 25or, 40ol, 48, 52-53, 60-61, 63or, 64-65, 69ol, 70M, 70Ml, 70Mr, 71Ml, 80-81, 84Mr, 84ol, 100-101, 104-105, 106-107, 108-109, 111Ml, 111Mr, 112M, 112ol, 116-117, 118-119, 120-121, 129Ml, 129Mr, 130ol, 132-133, 134-135, 136ol, 146, 152, 153, 154Ml, 158or, 159Ml, 159Mr, 167-163, 168ol, 168Ml, 170

Bruce Coleman Ltd: Adriano Bacchella 2, 6M. Eyewire: 6l, 7l, 49. N.H.P.A.: Susanne Danegger 3, 92. Photonica: Tomonori Taniguchi 28. Powerstock Photolibrary/Zefa: 9. RSPCA: David Dalton 111ol; Cheryl A. Ertelt 110.

Alle anderen Abbildungen © Dorling Kindersley.
Weitere Informationen zu den Abbildungen unter: www.dkimages.com

Zeichnungen

Rowan Clifford 151

Eine kleine Auswahl aus unserem Programm

Siegfried Schmitz/
Angela Wegmann
Der BLV Hunderassen-Führer
Entscheidungshilfe für Hundefans: über 230 beliebte, aber auch ausgefallene Rassen im Porträt mit Kompakt-Infos zu Pflegeaufwand, Krankheitsanfälligkeit, Eignung als Familien- oder Stadthund usw.
ISBN 978-3-8354-0049-8

Barbara Burg
Tierisch gute Hunde-Snacks
Für alle, die ihren Hund verwöhnen und belohnen möchten: Rezepte für gesunde, selbst gemachte Leckerli mit Zutatenliste und Zubereitung; eine Hundeparty ausrichten – mit Menüvorschlägen.
ISBN 978-3-8354-0361-1

Dieter Eichler
So folgt mein Hund mit Freude
Erkenntnisse der Hundepsychologie – für jeden anwendbar: Hunde besser verstehen und sie artgerecht, sanft und straffrei erziehen; Trainings- und Lehrmethoden, Problemlösungen, Welpenerziehung.
ISBN 978-3-8354-0322-2

Katharina von der Leyen
Braver Hund!
Viel Spaß beim Lesen und Üben: Hunde spielend leicht erziehen mit täglichen 10-minütigen Kurzlektionen; das Basiswissen zur Hundeerziehung mit Illustrationen, die humorvoll die beschriebenen Situationen visualisieren.
ISBN 978-3-8354-0156-3

Uli Köppel
Welpen richtig erziehen
Artgerechte Welpenerziehung, ausgerichtet auf das angeborene Wesen und Verhalten des Hundes – Grundstein für eine vertrauensvolle Beziehung zwischen Mensch und Hund; Entwicklungsphasen des Welpen; Erziehungsfehler vermeiden.
ISBN 978-3-8354-0353-6

BLV Bücher bieten mehr:

- mehr Wissen
- mehr Erfahrung
- mehr Innovation
- mehr Praxisnutzen
- mehr Qualität

Denn 60 Jahre Ratgeberkompetenz sind nicht zu schlagen!

Unser Buchprogramm umfasst rund 800 Titel zu den Themen **Garten · Natur · Heimtiere · Jagd · Angeln · Sport · Golf · Reiten · Alpinismus · Fitness · Gesundheit · Kochen.** Ausführliche Informationen erhalten Sie unter **www.blv.de**

BLV Buchverlag GmbH & Co. KG
Lothstraße 19 · 80797 München
Postfach 40 02 20 · 80702 München
Telefon 089/12 02 12-0 · Fax -121
E-mail: blv.verlag@blv.de

MEHR ERLESEN!

Hunde erziehen